高校入試 10日でできる 物質とエネルギー

特長と使い方

◆ 1日4ページずつ取り組み，10日間で高校入試直前に弱点が克服でき，実戦力を強化できます。

試験に出る重要図表 図表の穴埋めを通して，重要な知識を身につけましょう。

Check／記述問題 一問一答の問題と定番の記述問題を解いてみましょう。

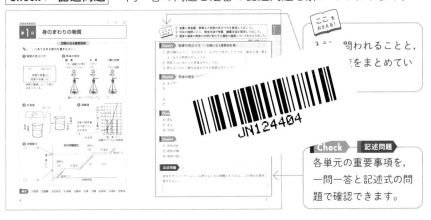

ここをおさえる！ 問われることと，……をまとめてい……

Check 記述問題 各単元の重要事項を，一問一答と記述式の問題で確認できます。

入試実戦テスト 入試問題を解いて，実戦力を養いましょう。

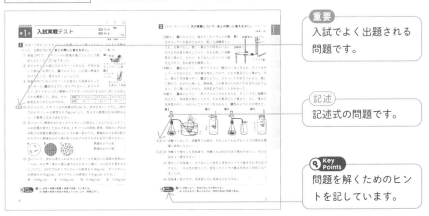

重要 入試でよく出題される問題です。

記述 記述式の問題です。

Key Points 問題を解くためのヒントを記しています。

◆ 巻末には「総仕上げテスト」として，総合的な問題や，思考力が必要な問題を取り上げたテストを設けています。10日間で身につけた力を試しましょう。

◆学習日と入試実戦テストの得点を記録して，自分自身の弱点を見極めましょう。

◆1回だけでなく，復習のために2回取り組むことでより理解が深まります。

		1回目		2回目	
特長と使い方 ・・・・・・・・・・・・・・・・・・・ 1		学習日	得点	学習日	得点
目次と学習記録表 ・・・・・・・・・・・・・ 2					
出題傾向，合格への対策 ・・・・・・・ 3					
第1日	身のまわりの物質 ・・・・・・・・・・ 4	/	点	/	点
第2日	化学変化と原子・分子 ① ・・・・・ 8	/	点	/	点
第3日	化学変化と原子・分子 ② ・・・・ 12	/	点	/	点
第4日	化学変化とイオン ① ・・・・・・・・ 16	/	点	/	点
第5日	化学変化とイオン ② ・・・・・・・・ 20	/	点	/	点
第6日	光・音・力のつりあい ・・・・・・ 24	/	点	/	点
第7日	電流とそのはたらき ・・・・・・・・ 28	/	点	/	点
第8日	電流と磁界・電流と電子 ・・・・・ 32	/	点	/	点
第9日	運動のようす ・・・・・・・・・・・・・・ 36	/	点	/	点
第10日	仕事とエネルギー ・・・・・・・・・・ 40	/	点	/	点
総仕上げテスト ・・・・・・・・・・・・・・・・・・・・ 44		/	点	/	点

試験における実戦的な攻略ポイント5つ，
受験日の前日と当日の心がまえ ・・・・・・・・・・・・・・・・・・・・・・・・・・・・・ 48

◆「理科」の出題割合と傾向

<「理科」の出題割合>

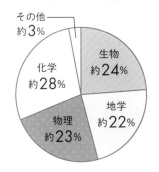

<「理科」の出題傾向>

- 化学・物理・生物・地学の各分野からバランスよく出題されている。
- 化学・物理の分野では，実験の方法，結果，考察，注意点が重要なポイントになる。
- 生物・地学の分野では，基本的な内容についての知識とその理解，実験・観察では基本操作や結果をもとにした思考力などが問われる。

◆「物質（化学分野）とエネルギー（物理分野）」の出題傾向

- レンズによる像や音の波形を示す問題,電流による発熱やオームの法則に関する問題,物体の運動のようすや力学的エネルギーに関する実験の問題が頻出。
- 気体の性質や集め方についての問題，熱分解や電気分解，化学変化の前後の質量の関係に関する問題，イオンに関連した電池や中和の問題がよく出る。

◆実験・観察

実験器具の操作理由や実験の目的，注意点をとらえながら，科学的に調べる能力を身につけておきましょう。

◆自然現象の規則性

身のまわりの自然を科学的に調べる能力を問う問題が解けるよう,身近な自然現象にも興味・関心を持ち,その規則性を簡潔に説明する力をつけておきましょう。

◆グラフ

測定結果をもとにしてグラフを作成する場合は，測定値をはっきりと示すようにしましょう。

◆理科の解答形式

記号選択式が多いですが，記述式も増えてきているので，文章記述の練習をしておきましょう。

第1日 身のまわりの物質

✎ [　]にあてはまる語句を書きなさい。

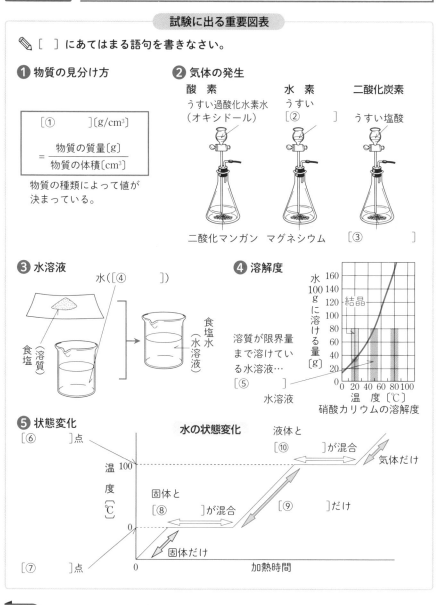

❶ 物質の見分け方

$$[①　　　　][g/cm^3]$$
$$= \frac{物質の質量[g]}{物質の体積[cm^3]}$$

物質の種類によって値が決まっている。

❷ 気体の発生

酸　素
うすい過酸化水素水
（オキシドール）

水　素
うすい
[②　　　　]

二酸化炭素
うすい塩酸

二酸化マンガン　マグネシウム　[③　　　　]

❸ 水溶液

水([④　　　])

食塩（溶質）

食塩水（水溶液）

食塩水（水溶液）

❹ 溶解度

水100gに溶ける量[g]

結晶

溶質が限界量まで溶けている水溶液…
[⑤　　　]

水溶液

温　度[℃]
硝酸カリウムの溶解度

❺ 状態変化

水の状態変化

[⑥　　　]点

温度[℃]

液体と
[⑩　　　]が混合

気体だけ

固体と
[⑧　　　]が混合

[⑨　　　]だけ

100

0

固体だけ

[⑦　　　]点

0　　　　　　　　　加熱時間

解答 ①密度　②塩酸　③石灰石　④溶媒　⑤飽和　⑥沸　⑦融　⑧液体　⑨液体　⑩気体

ここをおさえる！
① 金属と非金属，密度など物質の見分け方を整理しておこう。
② 気体の種類ごとに，発生方法や性質，捕集方法を整理しておこう。
③ 固体⇆液体⇆気体の状態が変化する境目の温度についておさえておこう。

解答→別冊1ページ

Check1 物質の見分け方（⇨試験に出る重要図表❶）

□① 鉄や銅のように，光沢があり，広げたり伸ばしたりでき，電気を通し熱をよく伝える物質を何というか。　[　　　　　]

□② 物質 $1\,cm^3$ あたりの質量を何というか。　[　　　　　]

□③ 燃えると水や二酸化炭素ができる物質を何というか。　[　　　　　]

Check2 気体の発生（⇨試験に出る重要図表❷）

□④ 水上置換法で集める気体は，どんな性質をもっているか。[　　　　　]

□⑤ 水に溶けやすく，空気より密度が小さい気体は，何という捕集法を使うか。　[　　　　　]

□⑥ 石灰水を白く濁らせる性質をもつ気体は何か。　[　　　　　]

□⑦ ものを燃やす性質をもつ気体は何か。　[　　　　　]

Check3 溶解度（⇨試験に出る重要図表❸❹）

□⑧ 食塩水で，溶けている食塩を何というか。　[　　　　　]

□⑨ ⑧が，それ以上溶けなくなることを何というか。　[　　　　　]

□⑩ 水溶液から結晶をとり出すことを何というか。　[　　　　　]

Check4 状態変化（⇨試験に出る重要図表❺）

□⑪ 固体が溶けて液体になる温度を何というか。　[　　　　　]

□⑫ 液体が沸騰して気体になる温度を何というか。　[　　　　　]

□⑬ 液体の混合物から純粋な液体をとり出す方法を何というか。[　　　　　]

記述問題 次の問いに答えなさい。

□液体をガスバーナーなどで加熱するときは沸騰石を入れる。この理由を簡単に書きなさい。

[　　　　　　　　　　　　　　　　　　　　　　　　　　　]

入試実戦テスト

| 時間 20分 | 得点 |
| 合格 80点 | /100 |

解答→別冊1ページ

1 【密度と状態変化】エタノールの性質について調べるために，①〜③の実験を行った。**これについて，あとの問いに答えなさい。**（9点×4）〔三重─改〕

① 室温20℃で，エタノールの質量を電子てんびんで測定したところ，27.3g であった。

② ポリエチレンの袋に①のエタノールを入れ，空気をぬいて袋の口を閉じた。**図1**のように，この袋に熱湯をかけたところ，袋は大きくふくらんだ。

図1 熱湯
エタノールを入れた
ポリエチレンの袋

図2
プラスチックの小片

水とエタノール
を混合した溶液

③ 室温20℃で，水とエタノールを混合した溶液が入ったビーカーに，**図2**のように，ポリプロピレン，ポリエチレン，ポリスチレンの3種類のプラスチックの小片を入れて，浮いたか沈んだかを観察した。表は，その結果をまとめたものである。

物質	ポリプロピレン	ポリエチレン	ポリスチレン
結果	浮いた	沈んだ	沈んだ

重要 (1) ①について，エタノールの体積は何 cm³ か，求めなさい。ただし，20℃でのエタノールの密度を 0.79g/cm³ とし，答えは小数第2位を四捨五入し，小数第1位まで求めなさい。　[　　　　　]

(2) ②について，熱湯をかけるとポリエチレンの袋がふくらんだのは，エタノールの状態が変化したからである。エタノールの固体，液体，気体のいずれかの粒子の状態を模式的に示した下の**A〜C**のうち，熱湯をかける前の粒子のモデルと熱湯をかけた後の粒子のモデルをそれぞれ記号で答えなさい。

A

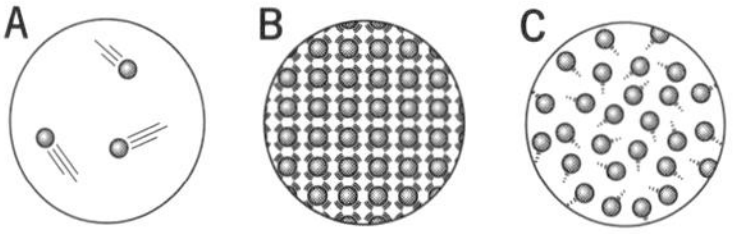

B

C

熱湯をかける前 [　　　　]
熱湯をかけた後 [　　　　]

(3) ③について，表から考えられる水とエタノールを混合した溶液の密度はいくらか，次の**ア〜エ**から最も適当なものを1つ選び，その記号を書きなさい。ただし，20℃でのポリプロピレンの密度を 0.90g/cm³，ポリエチレンの密度を 0.95g/cm³，ポリスチレンの密度を 1.05g/cm³ とする。[　　　　]

ア 0.80g/cm³　　**イ** 0.92g/cm³　　**ウ** 0.98g/cm³　　**エ** 1.10g/cm³

Key Points **1** (1) 密度＝物質の質量÷物質の体積 から考える。
(3) 物質の密度が液体の密度より小さいとき，物質は浮く。

2 【気体の発生と区別】 次の実験について，あとの問いに答えなさい。（16点×4）

〔岐阜一改〕

〔実験1〕 **図1**のように，塩化アンモニウムと水酸
化カルシウムを混ぜたものを，乾いた試験管Ⅰに
入れ，加熱すると，激しく鼻をさす特有のにおい
がする気体**A**が発生したので，それを乾いた試験
管Ⅱに集めた。さらに，水でぬらしたリトマス紙
を近づけて，色の変化を観察した。

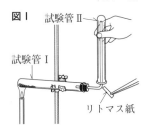

図1　試験管Ⅱ
試験管Ⅰ
リトマス紙

〔実験2〕 **図2**のように，三角フラスコに二酸化マンガンを入れ，そこへオキ
シドールを加えると，気体**B**が発生したので，それを集気びんに集めた。次
に，集めた気体**B**の中へ，**図3**のように，火のついた木炭を入れると，激し
く燃えて，灰が少し残った。燃焼後，この集気びんの中に石灰水を入れてふ
ると，白く濁ったことから，気体**C**ができたことがわかった。

〔実験3〕 **図4**のように，三角フラスコに石灰石を入れ，そこへうすい塩酸を
加えると，気体**D**が発生したので，それを集気びんに集めた。次に，集めた
気体**D**の中に，火のついたろうそくを入れると，**図5**のように火が消えた。

図2　　　　　図3　　　　　図4　　　　　図5
水　　ふた　　木炭　　　　　　　　　ろうそく

(記述)(1) 実験1において，試験管Ⅰの底を，その口よりもわずかに上げる理由を簡
潔に説明しなさい。 [　　　　　　　　　　　　　　　　　]

(記述)(2) 実験1で発生した気体**A**を，実験1とは別の方法で発生させたい。その方
法を1つ書きなさい。 [　　　　　　　　　　　　　　　　　]

(3) 発生した気体**A**に，水でぬらした赤色と青色のリトマス紙をそれぞれ近づ
けると，一方は色が変化した。変色したリトマス紙は何色から何色になり
ましたか。 [　　　　　　　　　　　　]

(4) 気体**A**〜**C**の中で，気体**D**と同じ気体はどれですか。 [　　　　　　　]

🔍 **Key Points**
2 (1) 加熱により，気体の他に水が発生する。
(4) 石灰水を白く濁らせるのは，特定の気体の特徴である。

第2日 化学変化と原子・分子 ①

試験に出る重要図表

✎ [ ]にあてはまる語句を書きなさい。

❶ 分　解

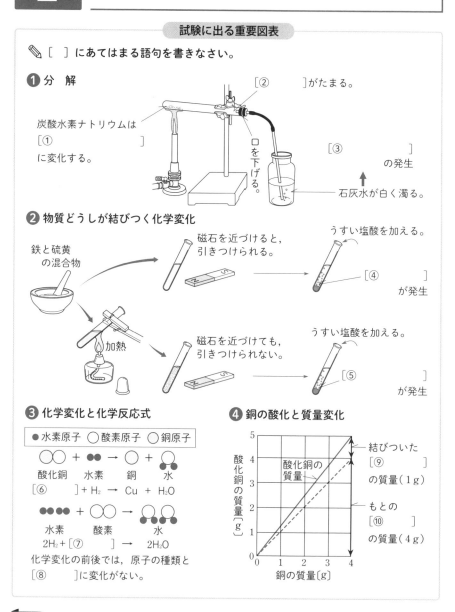

[②　　　　]がたまる。

炭酸水素ナトリウムは
[①　　　　　　]
に変化する。

口を下げる。

[③　　　　　]
の発生

石灰水が白く濁る。

❷ 物質どうしが結びつく化学変化

鉄と硫黄の混合物

磁石を近づけると，引きつけられる。

うすい塩酸を加える。

[④　　　　]が発生

加熱

磁石を近づけても，引きつけられない。

うすい塩酸を加える。

[⑤　　　　]が発生

❸ 化学変化と化学反応式

● 水素原子　○ 酸素原子　○ 銅原子

○○ + ●● → ○ + ●○○

酸化銅　　水素　　銅　　水

[⑥　　　] + H_2 → Cu + H_2O

●●●● + ○○ → 水

水素　　酸素　　水

$2H_2$ + [⑦　　　] → $2H_2O$

化学変化の前後では，原子の種類と[⑧　　　]に変化がない。

❹ 銅の酸化と質量変化

結びついた[⑨　　　]の質量（1g）

酸化銅の質量

もとの[⑩　　　]の質量（4g）

（縦軸）酸化銅の質量〔g〕
（横軸）銅の質量〔g〕

解答 ①炭酸ナトリウム ②水 ③二酸化炭素 ④水素 ⑤硫化水素 ⑥CuO ⑦O_2 ⑧数 ⑨酸素 ⑩銅

① 主な物質の**化学式**，主な**化学反応式**を覚えておこう。
② 化学変化と質量は，**グラフの読み取り**ができるようにしておこう。
③ 化学変化に関係する物質の**質量の比**は一定であることを理解しよう。

解答→別冊 2 ページ

Check1　分　解（⇨試験に出る重要図表 ❶）

□① 炭酸水素ナトリウムを加熱すると固体の[　　　]，水，気体の[　　　]に分解される。
[　　　　　　　]・[　　　　　　　]

□② 水を電気分解すると，陽極側から[　　　]，陰極側から[　　　]が発生する。
[　　　　　　　]・[　　　　　　　]

Check2　物質どうしが結びつく化学変化（⇨試験に出る重要図表 ❷）

□③ 銅を空気中で加熱すると，次のような反応が起こる。
銅＋[　　　]→[　　　]
[　　　　　　　]・[　　　　　　　]

□④ 鉄と硫黄の混合物を加熱するとできる物質は何か。
[　　　　　　　]

Check3　化学式と化学反応式（⇨試験に出る重要図表 ❸）

□⑤ 銅と酸素が結びつく反応の化学反応式は，次のようになる。
[　　　]＋O_2→[　　　]
[　　　　　　　]・[　　　　　　　]

□⑥ 水の分解の化学反応式は，次のようになる。
$2H_2O$→2[　　　]＋[　　　]
[　　　　　　　]・[　　　　　　　]

Check4　化学変化と物質の質量（⇨試験に出る重要図表 ❹）

□⑦ 銅粉 4 g を空気中で加熱すると，銅が空気中の[　　　]と結びついて 5 g の[　　　]ができる。
[　　　　　　　]・[　　　　　　　]

□⑧ ⑦から，銅と酸素は次のような質量の比で結びつく。
銅の質量：酸素の質量＝[　　　]：[　　　][　　　　　]：[　　　　　]

記述問題　次の問いに答えなさい。

□屋外に鉄くぎを放置しておいたら，さびてしまった。これはどのような化学変化によって生じた現象か，簡単に書きなさい。

[　　　　　　　　　　　　　　　　　　　　　　　　　　　　　　　]

第 **2** 日 **入試実戦テスト**

| 時間 20 分 | 得点 |
| 合格 80 点 | /100 |

解答→別冊 2 ページ

1 【鉄と硫黄の混合物の加熱】化学変化について調べるために，次の実験を行っ
た。**後の問いに答えなさい。**（10 点×4）〔和歌山－改〕

〔実験〕（ i ）鉄粉 7.0g と硫黄の粉末 4.0g の混合
物をつくった後，2 本の試験管 A，B に半分
ずつ入れた（図 I）。

図 I　混合物を試験管に入れる
ようす

(ii) 試験管 A の口を脱脂綿でふたをして，混合物
の上部をガスバーナーで加熱し（図 2），混合
物の上部が赤く変わり始めたら加熱をやめ，その後の
ようすを観察した。また，試験管 B は加熱しなかった。

図 2　試験管 A を加
熱するようす

(iii) 試験管 A がよく冷えた後，試験管 A，B にそれぞれ磁
石を近づけ，そのようすを観察した。

(iv) 試験管 A の反応後の物質を少量とり出して試験管 C に
入れ，試験管 B の混合物を少量とり出して試験管 D に入れた。試験管 C，
D にそれぞれうすい塩酸を数滴加え，発生した気体のにおいを調べた。

(記述)(1) 実験(ii)で，加熱をやめた後も反応が続いた。その理由を簡単に書きなさい。

[　　　　　　　　　　　　　　　　　　　　　　　　　　　　　　　]

(2) 次の文は，実験で起こった反応についてまとめたものである。文中の①〜
③について，それぞれ**ア，イ**のうち適切なものを 1 つ選んで，その記号を
書きなさい。　　　　　①[　　]　②[　　]　③[　　]

> 　　実験(iii)で，磁石を近づけたとき，試験管の中の物質が磁石に引きつ
> けられたのは，①（**ア** 試験管 A　**イ** 試験管 B）であった。実験(iv)で，
> 無臭の気体が発生したのは，②（**ア** 試験管 C　**イ** 試験管 D）であった。
> もう一方からは，たまごの腐ったようなにおいの気体が発生し，この
> 気体は，③（**ア** 硫化水素　**イ** 塩素）であることがわかった。これら
> のことから，加熱によってできた物質は，もとの鉄や硫黄と性質の違
> う物質であることがわかった。

Key Points

1 (1) 鉄と硫黄が反応するとき，熱が発生する。
(2) 磁石に引きつけられるのは，鉄に見られる性質である。

2 【炭酸水素ナトリウムの加熱】炭酸水素ナトリウムを試験管 **A** にとり，実験装置で加熱した。**問いに答えなさい。**（5点×4）

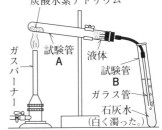

炭酸水素ナトリウム
ガスバーナー
試験管 **A**
液体
試験管 **B**
ガラス管
石灰水
（白く濁った。）

(1) 発生した気体は何ですか。［　　　　　］

(2) 試験管 **A** にたまった液体は水である。水であることを確かめる試薬または試験紙は何ですか。　　　　　［　　　　　　　］

(3) (2)の試薬・試験紙は，何色から何色に変化しますか。　　　［　　　］色から［　　　］色

重要 (4) 試験管 **A** に残った白い粉末は，炭酸水素ナトリウムではない。どのような性質をもった物質に変わったかを次の**ア〜ウ**から選びなさい。［　　　］
　　ア 水に溶けやすく酸性を示す。　**イ** 水に溶けやすくアルカリ性を示す。
　　ウ エタノールに溶ける。

3 【銅とマグネシウムの加熱】図はマグネシウムと銅をそれぞれ加熱したときの反応前後の質量の変化のグラフである。**次の問いに答えなさい。**（5点×8）

(1) 化学変化の前後で，化学変化に関係する物質全体の質量は変わらない。この法則を何とよびますか。　　　　　［　　　　　　　］

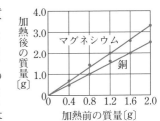

加熱後の質量〔g〕
マグネシウム
銅
加熱前の質量〔g〕

重要 (2) マグネシウムや銅を空気中で加熱したときの化学変化を特に何とよびますか。［　　　　　］

(3) 銅を加熱すると何に変化したか，物質名を答えなさい。　　　　　［　　　　　　　］

(4) (3)のときの化学変化を化学反応式で表したい。次の化学反応式の□□にあてはまる化学式を書きなさい。　**a**［　　　　　］ **b**［　　　　　］
　　$2Cu + \boxed{a} \rightarrow \boxed{b}$

(5) 銅を 0.4g 加熱したとき，加熱後の質量は何 g ですか。［　　　　　　　］

(6) 銅と酸素が結合するときの割合を，最も簡単な整数比で表しなさい。
　　　　　　　　銅：酸素＝［　　　］：［　　　］

(7) 同じ質量の酸素と結合するときの，マグネシウムと銅の質量比を答えなさい。　　　マグネシウム：銅＝［　　　］：［　　　］

Key Points
2 (4) 試験管に残った白い粉末は，炭酸ナトリウム。
3 (2) 金属が，空気に含まれる物質と結びつく化学変化。

第3日 化学変化と原子・分子 ②

試験に出る重要図表

✎ [　] にあてはまる語句を書きなさい。

❶ 酸素が関係する化学変化

酸化と燃焼
質量をはかってお
いたスチールウール
を燃やす。

もとのスチー
ルウールと同
じ質量の分銅

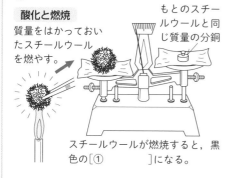

スチールウールが燃焼すると, 黒
色の[①　　　　]になる。

還 元　酸化銅と炭素

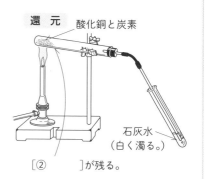

石灰水
（白く濁る。）

[②　　　　]が残る。

❷ 酸化と還元の化学反応式

$Mg\ Mg$ + $O\ O$ ⟶ $Mg\,O\quad Mg\,O$

[③　　　] + O_2 ⟶ [④　　　　]

C + $O\ O$ ⟶ $O\ C\ O$

[⑤　　　] + O_2 ⟶ [⑥　　　]

$Cu\,O\quad Cu\,O$ + C ⟶ $Cu\ Cu$ + $O\ C\ O$

┌─[⑧　　　]─┐
[⑦　　　] + C ⟶ 2Cu + CO₂
└─[⑨　　　]─┘

❸ 化学変化と熱の出入り

発熱反応　活性炭と鉄粉を混ぜ合わせ,
塩化ナトリウム水溶液を加える。

活性炭　塩化ナトリ　鉄粉
　　　ウム水溶液

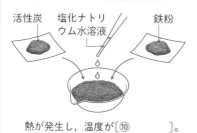

熱が発生し, 温度が[⑩　　　]。

吸熱反応　塩化アンモニウムと水酸化バ
リウムを入れた試験管に, 水を加える。

温度計　水

アンモニアが発生し,
熱が吸収されて,
温度が[⑪　　　]。

水酸化バリウム（3 g）

塩化アンモニウム（1 g）

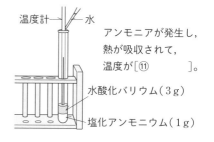

解答　①酸化鉄　②銅　③2Mg　④2MgO　⑤C　⑥CO₂　⑦2CuO　⑧還元　⑨酸化　⑩上がる　⑪下がる

```
┌ ここを ┐  ① 物質が酸素と結びつく化学変化をおさえておこう。
│ おさえる！│  ② 酸化物から酸素がとり除かれる化学変化をおさえておこう。
└      ┘  ③ 熱が発生する化学変化と，熱を吸収する化学変化の具体例を覚えておこう。
```

解答→別冊3ページ

Check1 　酸　化（⇨試験に出る重要図表❶❷）

□① 銅を空気中で加熱すると，酸素と結びつき，[　　　]色の[　　　]が生じる。

[　　　　　　　]・[　　　　　　　]

□② 物質に酸素が結びつく化学変化を何というか。 [　　　　　　　]

□③ 酸素が結びついてできた物質を何というか。 [　　　　　　　]

Check2 　燃　焼（⇨試験に出る重要図表❶❷）

□④ スチールウールを加熱したときのように，熱や光を出しながら，物質が酸化される現象を何というか。 [　　　　　　　]

□⑤ 木炭（炭素）を空気中で加熱すると，木炭が[　　　]と結びつき，気体の[　　　]ができる。

[　　　　　　　]・[　　　　　　　]

Check3 　還　元（⇨試験に出る重要図表❶❷）

□⑥ 酸化銅と炭素の粉末をよくかき混ぜて試験管に入れて加熱すると，[　　　]が発生し，あとに[　　　]が残る。

[　　　　　　　]・[　　　　　　　]

□⑦ ⑥のように，酸化物が酸素を失う化学変化を何というか。[　　　　　　　]

Check4 　熱が出入りする化学変化（⇨試験に出る重要図表❸）

□⑧ 鉄粉と活性炭を利用した化学かいろのように，熱を発生させる化学変化を何というか。 [　　　　　　　]

□⑨ ⑧とは反対に，周囲から熱を吸収する化学変化を何というか。

[　　　　　　　]

記述問題　　次の問いに答えなさい。

□酸化銅と炭素を混ぜ合わせて加熱すると，酸化銅から酸素がとり除かれるのは，炭素にどのような性質があるためか。

[

]

第 3 日　入試実戦テスト

解答→別冊 3 ページ

1 【銅の変化】銅の変化を調べるため，次の実験 1，実験 2 を行った。**あとの(1)～(7)の問いに答えなさい。**

(8 点×10)〔岐阜－改〕

図 1

ステンレス皿

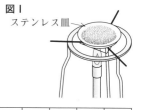

〔実験 1〕　**図 1** のように，銅の粉末 0.40g を質量が変化しなくなるまで十分に加熱したところ，酸素と結びついて酸化銅が 0.50g で

銅の質量〔g〕	0.40	0.80	1.20	1.60	2.00
酸化銅の質量〔g〕	0.50	1.00	1.50	2.00	2.50

きた。銅の粉末を 0.80g，1.20g，1.60g，2.00g と変えて，同じ実験を行った。表は，その結果をまとめたものである。

〔実験 2〕　実験 1 で得られた酸化銅を炭素粉末とよく混ぜ合わせて，**図 2** のように加熱したところ，気体が発生し，石灰水は白く濁った。気体の発生がとまった後，ガラス管を石灰水からとり出し，ガスバーナーの火を消した。試験管内の酸化銅は赤みがかった粉末となった。さらに，粉末をとり出し調べたところ，銅であることがわかった。

図 2

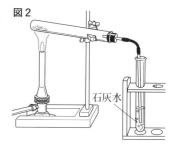

石灰水

(1) 実験 1 で，銅粉が酸素と結びついて酸化銅になる化学変化を何といいますか。　　　　　　　　　　　　　　　［　　　　　　　　］

(2) 銅の粉末を加熱してできた酸化銅の色と化学式を書きなさい。
　　　　　　　　　色［　　　　　　　］　化学式［　　　　　　　　］

重要 (3) 酸化銅が 5.00g 生じた。反応した銅と酸素はそれぞれ何 g ですか。
　　　　　　　　　　　　　銅［　　　　　　　］　酸素［　　　　　　　］

記述 (4) 実験 2 において，ガスバーナーの火を消す前に，ガラス管を石灰水からとり出したのはなぜですか。簡潔に説明しなさい。
　　　　［　　　　　　　　　　　　　　　　　　　　　　　　　　　　　　　　　　　　　］

(5) 実験 2 で，酸化銅が銅になる化学変化を何といいますか。　［　　　　　　　］

Key Points　**1** (3) 表から，銅の質量と，結びつく酸素の質量の比を求める。
(4) 加熱されていた試験管が冷えると，中の気体の体積が小さくなる。

(記述)(6) 実験2の化学変化で，炭素のはたらきを，発生した気体名を用いて簡潔に説明しなさい。 [   ]

(7) 銅原子を◎，酸素原子を○，炭素原子を●とすると，実験1，実験2の化学変化は，どのように表現できますか。適するものを選びなさい。

ア ◎○ ＋ ● ⟶ ◎ ＋ ○●○   実験1 [   ]

イ ◎ ＋ ○ ⟶ ◎○   実験2 [   ]

ウ ◎○ ◎○ ＋ ● ⟶ ◎ ◎ ＋ ○●○

エ ◎ ◎ ＋ ○○ ⟶ ◎○ ◎○

(記述) **2** 【化学かいろの化学変化】花子さんと太郎さんの学校では，冬のある日に記念歩行を行った。寒くなり雨が降りそうだったので，太郎さんは化学かいろや雨具などを用意して出発した。花子さんは，太郎さんが図のように化学かいろをポリエチレンの袋に入れた状態で使っているのに気がついた。(10点×2)〔愛媛－改〕

ポリエチレンの袋

化学かいろ

花子さん：どうして化学かいろをポリエチレンの袋に入れているの？

太郎さん：雨になるかもしれないので，化学かいろがぬれないように袋に入れているんだよ。

花子さん：化学かいろは，[A   ]ことであたたかくなるのよ。太郎さんの使い方では，化学かいろはあたたかくならないと思うよ。

太郎さん：なるほど，化学かいろをポリエチレンの袋に入れたままで使っていると，[B   ]ので，ポリエチレンの袋に入れる前にはあたたかかったぼくの化学かいろが，あたたかくなくなったんだね。教えてくれてありがとう。

[A]には，化学かいろがあたたかくなるときの化学変化について，花子さんが述べた言葉が入る。また，[B]には，化学かいろをポリエチレンの袋に入れたままで使っていると化学変化が起こらなくなる理由について，太郎さんが述べた言葉が入る。[A]，[B]に適当な言葉を書き入れなさい。

A [   ] B [   ]

Key Points **1** (6) 石灰水を白く濁らせる気体は二酸化炭素。
2 化学かいろの中には，鉄粉や活性炭などが入っている。

第4日 化学変化とイオン ①

試験に出る重要図表

✎ [ ] にあてはまる語句を書きなさい。

❶ 電流を通す水溶液

水溶液に電流が流れると明かりがつく。

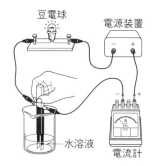

水溶液が電流を通す物質を[① 　　　　],
電流を通さない物質を[② 　　　]という。

❷ 電気分解

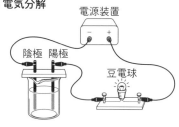

生じる物質

	陰極	陽極
塩化銅水溶液	[③ 　　]	塩素
塩酸	[④ 　　]	塩素

❸ 原子の構造

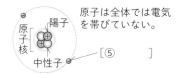

原子は全体では電気を帯びていない。

[⑤ 　　　]

❹ 電解質水溶液のモデル

塩化ナトリウムの水溶液

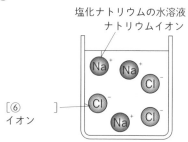

[⑥ 　　]イオン

❺ イオン

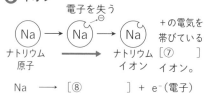

ナトリウム原子 → ナトリウムイオン

電子を失う

+の電気を帯びている[⑦ 　]イオン。

$Na \longrightarrow$ [⑧ 　　　] $+ e^-$（電子）

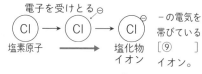

塩素原子 → 塩化物イオン

電子を受けとる

−の電気を帯びている[⑨ 　]イオン。

$Cl + e^- \longrightarrow$ [⑩ 　　　]

解答 ①電解質 ②非電解質 ③銅 ④水素 ⑤電子 ⑥塩化物 ⑦陽 ⑧Na^+ ⑨陰 ⑩Cl^-

ここを
おさえる！

① 代表的な**電解質**と**非電解質**をおさえておこう。
② **陽イオン**や**陰イオン**はどのようにしてできるかおさえておこう。
③ **電解質**が水に溶けると，どのように**電離**するか覚えておこう。

解答→別冊 4 ページ

Check1　電解質（⇨試験に出る重要図表 ❶ ❹）

□① 水に溶かしたとき，電流が流れる物質を何というか。　［　　　　　］
□② 水に溶けても，電流が流れない物質を何というか。　［　　　　　］

Check2　電気分解（⇨試験に出る重要図表 ❷）

□③ 塩化銅水溶液を電気分解したとき，陽極から発生する気体は何か。
　　　　　　　　　　　　　　　　　　　　　　　　　［　　　　　］
□④ 塩化銅水溶液を電気分解したとき，陰極の表面に付着するものは何か。
　　　　　　　　　　　　　　　　　　　　　　　　　［　　　　　］
□⑤ 塩酸を電気分解したとき，陰極から発生する気体は何か。［　　　　　］

Check3　原子の構造（⇨試験に出る重要図表 ❸）

□⑥ 原子の中心部には，＋の電気を帯びた[　　　]と中性子からできている[　　　]
　　がある。　　　　　　　　　　　　［　　　　　］・［　　　　　］
□⑦ ⑥の周囲に存在する，－の電気をもった粒子を何というか。［　　　　　］

Check4　イオン（⇨試験に出る重要図表 ❹ ❺）

□⑧ 電解質が水に溶けるときに，イオンに分かれることを何というか。
　　　　　　　　　　　　　　　　　　　　　　　　　［　　　　　］
□⑨ ＋の電気を帯びているイオンを何というか。　　　［　　　　　］
□⑩ －の電気を帯びているイオンを何というか。　　　［　　　　　］
□⑪ 電子を受けとってできたイオンは何イオンか。　　［　　　　　］

記述問題　次の問いに答えなさい。

□砂糖の水溶液に電極を入れて電流を流しても，電流は流れない。この理由を，
　簡単に説明しなさい。

　［

　］

第
4
日

17

入試実戦テスト

解答→別冊 4 ページ

1【水溶液と電流】**水溶液の性質**について調べた，次の実験について，あとの問いに答えなさい。

(12 点 × 5)〔北海道一改〕

〔実験〕　**図 1** のように，2 つのビーカー**A**，**B** を用意し，それぞれに蒸留水を入れ，**A** には少量の水酸化バリウムを，**B** には少量の砂糖を加え，それぞれすべて溶かして水溶液をつくった。

図 1

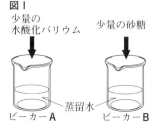

少量の水酸化バリウム　少量の砂糖

蒸留水
ビーカー**A**　ビーカー**B**

[1]　**図 2** の装置を用いて，**A** の水溶液に電極の先を入れ，電流が流れるかどうか調べたところ，電流計の針が振れた。このことから，水酸化バリウムは，水に溶かしたとき，その水溶液に電流が流れる物質であることがわかった。

図 2

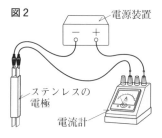

電源装置
ステンレスの電極
電流計

[2]　次に，[1]で用いた**図 2** の装置の電極の先を▭後，**B** の水溶液について，[1]と同じように調べたところ，電流計の針は振れなかった。

(記述)(1) この実験で，ビーカー**B** の水溶液を調べる前にしなければならないことについて，何を用いて，どのようなことをするか，文中の▭にあてはまるように書きなさい。[　　　　　　　　　　　　　　　　　　]

(2) この実験について述べた次の文の **a**，**b** にあてはまる語句を書きなさい。また，**c** にあてはまるものを，下の**ア〜ウ**から選びなさい。

> [1]から，水酸化バリウムは水に溶けて▭**a**▭し，陽イオンと陰イオンに分かれることがわかる。また，[2]から，砂糖水には電流が流れないことがわかる。砂糖のように，水に溶かしても，その水溶液に電流が流れない物質を▭**b**▭とよび，砂糖の他に▭**c**▭などがある。

ア エタノール　**イ** 塩化水素　**ウ** 水酸化ナトリウム

a [　　　　　]　b [　　　　　]　c [　　　　]

Key Points　**1** (1) 電極に，ビーカー**A** の液が残っていないようにする。
(2) **ア〜ウ**の中の 1 つは，水に溶けてもイオンに分かれない。

(3) ビーカー**A**の水溶液中にある陽イオンは, バリウムイオン Ba^{2+}である。このイオンの説明として正しいものを, 次の**ア〜エ**から選びなさい。[　　　]

ア バリウム原子が電子を2個受けとり, ＋の電気を帯びたものである。

イ バリウム原子が電子を2個失い, ＋の電気を帯びたものである。

ウ バリウム原子が陽子を2個受けとり, ＋の電気を帯びたものである。

エ バリウム原子が陽子を2個失い, ＋の電気を帯びたものである。

2 【電気分解】塩酸の電気分解について調べるために, 次の実験を行った。**あ**との問いに答えなさい。(10点×4)〔山形－改〕

図1

〔実験〕 **図1**のような装置を組み, 炭素棒を電極として用いてうすい塩酸を電気分解し, 各電極で起こる変化のようすを観察した。次の文章は, 実験の結果をまとめたものである。

> うすい塩酸を電気分解すると, 陰極からは ____a____ , 陽極からは塩素が発生する。両極で発生する気体の体積は同じであると考えられるが, 実際に集まった気体の体積は ____b____ 極側のほうが少なかった。これは, ____b____ 極で発生した気体が ____c____ という性質をもつためである。

(1) ____a____ , ____b____ にあてはまる語の組み合わせとして適切なものを, 次の**ア〜カ**から選び, 記号で答えなさい。[　　　]

ア a水素 b陰　**イ** a窒素 b陰　**ウ** a酸素 b陰

エ a水素 b陽　**オ** a窒素 b陽　**カ** a酸素 b陽

(記述)(2) ____c____ にあてはまる言葉を書きなさい。[　　　　　　　　　]

(3) 下線部について, 塩酸の中に存在し, 陽極から塩素が発生する原因となるイオンは何か, イオンの化学式で答えなさい。[　　　　　]

(4) 次の**ア〜オ**の物質に, **図2**のような電極を用いて電圧をかけたとき, 電流が流れるものはどれか。**ア〜オ**からすべて選び, 記号で答えなさい。[　　　]

図2

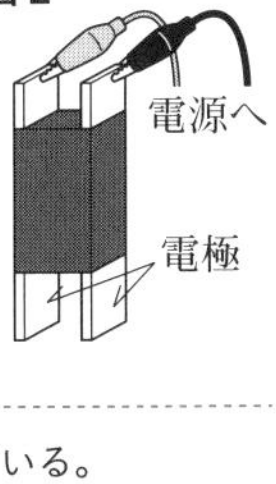

ア エタノール　**イ** 塩化銅水溶液　**ウ** 砂糖

エ 食塩　**オ** 鉄

Key Points

2 (1) 塩酸の中では, 塩化水素が水素イオンと塩化物イオンに電離している。
(4) 砂糖, 食塩は水溶液ではないことに注意する。

第5日 化学変化とイオン ②

✎ [　]にあてはまる語句を書きなさい。

❶ イオンへのなりやすさ

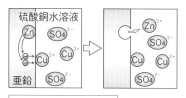

硫酸銅水溶液

$Zn \longrightarrow Zn^{2+} + 2e^-$
$Cu^{2+} + 2e^- \longrightarrow Cu$

[①　　　]のほうが
イオンになりやすい。

銅，亜鉛，マグネシウムの比較

[②　　　] > Zn > [③　　　]

大 ◀━━━━━━━━▶ 小
イオンへのなりやすさ

❷ 電池のしくみ

ダニエル電池

[④　　　]の移動の向き

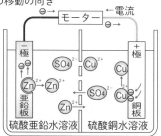

硫酸亜鉛水溶液　硫酸銅水溶液

ダニエル電池で起こる変化

－極：$Zn \longrightarrow$ [⑤　　　] $+ 2e^-$
＋極：$Cu^{2+} + 2e^- \longrightarrow$ [⑥　　　]

燃料電池 電気エネルギー

水素＋酸素 ━➚ [⑦　　　]
$2H_2 + O_2 \longrightarrow 2H_2O$

❸ 酸とアルカリ

酸…………水溶液にしたとき，電離
して[⑧　　　]イオン
H^+ を生じる化合物

アルカリ…水溶液にしたとき，電離
して[⑨　　　]イオン
OH^- を生じる化合物

中 和

ガラス棒　　うすい塩酸
水酸化
ナトリウム
水溶液

酸の水溶液とアルカリの
水溶液を混ぜ合わせる。

中和の反応が起こり水と
[⑩　　　]ができる。

解答 ①亜鉛 ②Mg ③Cu ④電子 ⑤Zn^{2+} ⑥Cu ⑦水 ⑧水素 ⑨水酸化物 ⑩塩

ここを
おさえる！

① 金属によって，**イオンへのなりやすさ**が異なることを覚えておこう。
② 電池の**＋極と－極**で起きている反応をおさえておこう。
③ **中和**では，水ができる反応と同時に**塩ができる反応**も起こることをおさえよう。

解答→別冊5ページ

Check1　イオンへのなりやすさ （⇨試験に出る重要図表 ❶）

□① 銅と亜鉛では，どちらのほうがイオンになりやすいか。　　［　　　　　］

□② マグネシウムと亜鉛では，どちらのほうがイオンになりやすいか。

［　　　　　］

Check2　電　池 （⇨試験に出る重要図表 ❷）

□③ 電池は，物質がもっている□□□□エネルギーを電気エネルギーに変換して
とり出す装置である。　　　　　　　　　　　　　　　［　　　　　］

□④ 亜鉛板と銅板の2種類の金属と，硫酸亜鉛水溶液と硫酸銅水溶液の2種類
の水溶液を用いてできる電池を何というか。　　　　　［　　　　　］

□⑤ ④で，＋極になるのは亜鉛板，銅板のどちらか。　　　　［　　　　　］

□⑥ 電池の回路で電子が移動する向きは，電流の向きと□□□□向きである。

［　　　　　］

□⑦ 水の電気分解と逆の化学変化を利用して，水素と酸素がもつ化学エネルギー
から電気エネルギーをとり出す装置を何というか。　　［　　　　　］

Check3　酸とアルカリ （⇨試験に出る重要図表 ❸）

□⑧ 水に溶けて水素イオンを生じる物質を何というか。　　　［　　　　　］

□⑨ 水に溶けて水酸化物イオンを生じる物質を何というか。　［　　　　　］

□⑩ ⑧の水溶液と⑨の水溶液を混ぜ合わせると，⑧の H^+ と⑨の OH^- が結びつ
いて，□□□□ができ，他のイオンが結びついて塩ができる。この反応を
□□□□という。　　　　　　　　　　［　　　　　］・［　　　　　］

記述問題　次の問いに答えなさい。

□亜鉛片を硫酸銅水溶液に入れると，亜鉛片にはどのような変化が見られるか。
簡単に説明しなさい。

［　　　　　　　　　　　　　　　　　　　　　　　　　　　　　　　　　　　　］

21

第5日 **入試実戦テスト**

解答→別冊5ページ

1 【化学電池】木炭とアルミニウムはくと食塩水でつくることができる木炭電池に関する実験を行った。**あとの問いに答えなさい。**（10点×4）〔長野-改〕

〔実験1〕　**図1**のようにつくった木炭電池で、モーターを約1時間回した後、アルミニウムはくをはがし表面を観察したところ、小さな穴が多数見られた。

図1

濃い食塩水を含むろ紙
アルミニウムはく
木炭
モーター

〔実験2〕　**図1**のアルミニウムはくを、5種類のうすい金属にかえて巻きつけ、モーターが回転するか調べ結果を表にまとめた。

うすい金属	アルミニウム	銅	亜鉛	鉄	マグネシウム
モーターの回転	◎	×	○	△	

◎:よく回る、○:回る、△:わずかに回る、×:回らない

(1) 実験1、実験2について、次のようにまとめた。**X**にあてはまるイオンの化学式を書きなさい。また、**Y**、**Z**にあてはまる最も適切な語句を、それぞれ書きなさい。

X[　　　]　Y[　　　]　Z[　　　]

> 　**図2**のモデルのように、木炭電池のアルミニウムはくでは、Al→ **X** +3e⁻ という反応が起き、アルミニウム原子が **Y** を失ってアルミニウムイオンとなるため、多くの穴が生じる。一方、木炭では **Y** を受けとる化学変化が起きている。 **Y** を失う化学変化が起きている側が **Z** 極となる。

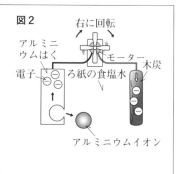

図2

右に回転
アルミニウムはく
モーター
木炭
電子
ろ紙の食塩水
アルミニウムイオン

(2) 実験2の表の[　　]には◎、○、△、×、のいずれがあてはまるか、**図3**をもとに書きなさい。ただし、**図3**は金属のイオンへのなりやすさをまとめたものである。

図3

イオンになりやすい		イオンになりにくい
マグネシウム>アルミニウム>亜鉛>鉄>銅		

[　　　]

Key Points 　**1** (1) アルミニウム原子は電子を3個失ってイオンになっている。
　　　　　　　(2) イオンになりやすい金属ほどモーターがよく回っている。

2 【酸・アルカリとイオン】塩酸と水酸化ナトリウム水溶液を用いて実験を行った。**あとの問いに答えなさい。**（10点×6）〔岐阜－改〕

〔実験〕　2％の塩酸5cm³が入ったビーカーに，BTB溶液を数滴加えて水溶液の色を観察した。その後，こまごめピペットとガラス棒を用いて，2％の水酸化ナトリウム水溶液2cm³を加え，よくかき混ぜてから水溶液の色を観察することを，4回続けて行った。表は，その結果をまとめたものである。

加えた水酸化ナトリウム水溶液の量〔cm³〕	0	2	4	6	8
水溶液の色		黄色			青色

　次に，青色になった水溶液に，2％の塩酸を少しずつ加え，よくかき混ぜながら水溶液の色を観察し，緑色になったところで塩酸を加えるのをやめた。この緑色の水溶液をスライドガラスに1滴とり，水を蒸発させてからスライドガラスのようすを観察すると，塩化ナトリウムの結晶が残った。

(1) 実験から，塩酸は何性とわかるか。言葉で書きなさい。［　　　　　］

(2) 次の[　　]のa，bにはあてはまるイオンの化学式を，cにはあてはまる言葉を，それぞれ書きなさい。a［　　　　］　b［　　　　］　c［　　　　］
　　実験で，塩酸の中の[　a　]は，加えた水酸化ナトリウム水溶液の中の[　b　]と結びついて水ができ，たがいの性質を打ち消し合った。この反応を[　c　]という。

重要 (3) 次のA～Dのグラフは，実験で，塩酸に加えた水酸化ナトリウム水溶液の量と，水溶液中のイオンの数の関係をそれぞれ表したものである。

  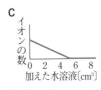

① 塩酸に加えた水酸化ナトリウム水溶液の量と，水酸化物イオンの数の関係を表したグラフとして最も適切なものを，A～Dから1つ選び，記号で書きなさい。［　　　　］

② 塩酸に加えた水酸化ナトリウム水溶液の量と，塩化物イオンの数の関係を表したグラフとして最も適切なものを，A～Dから1つ選び，記号で書きなさい。［　　　　］

 2 (1) BTB溶液は，酸性で黄色，中性で緑色，アルカリ性で青色となる。
(3) 塩化物イオンは，水溶液中ではイオンのまま存在する。

第6日 光・音・力のつりあい

✎ [ ] にあてはまる語句を書きなさい。

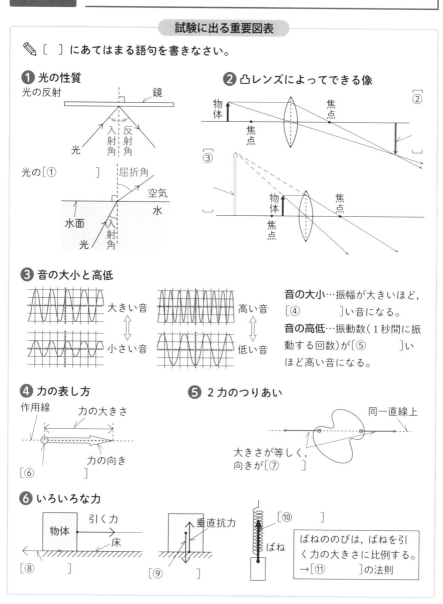

❶ 光の性質

光の反射　　　　　　　鏡

入射角　反射角

光

光の[①　　　　]　屈折角

空気
水
水面
入射角
光

❷ 凸レンズによってできる像

物体　　　　焦点

②[　　]

焦点

③[　　]

物体　　焦点

焦点

❸ 音の大小と高低

大きい音
⇕
小さい音

高い音
⇕
低い音

音の大小…振幅が大きいほど，[④　　　　]い音になる。

音の高低…振動数(1秒間に振動する回数)が[⑤　　　]いほど高い音になる。

❹ 力の表し方

作用線　　　力の大きさ

力の向き

[⑥　　　　]

❺ 2力のつりあい

同一直線上

大きさが等しく，向きが[⑦　　　]

❻ いろいろな力

物体　引く力
床

[⑧　　　　]

垂直抗力

[⑨　　　　]

[⑩　　　　]
ばね

ばねののびは，ばねを引く力の大きさに比例する。
→[⑪　　　　]の法則

解答 ①屈折 ②実像 ③虚像 ④大き ⑤多 ⑥作用点 ⑦反対 ⑧摩擦力 ⑨重力 ⑩弾性力 ⑪フック

① 反射の法則, 凸レンズを通過する光の進み方と, できる像を理解しておこう。
② 音の波形から音の大小, 音の高低を読みとれるようにしておこう。
③ 力のはたらきや力の表し方を理解しておこう。

解答→別冊6ページ

Check1 光の進み方 （⇨試験に出る重要図表 ❶）

□① 光が鏡ではね返るとき, 入射角と□□□角は等しい。　　[　　　　　]

□② 光が2種類の透明なもの（空気, ガラス, 水）の境界面に斜めに入射すると, 多くの光は□□□する。　　[　　　　　]

□③ 水中から空気中に光が進むとき, 入射角が大きくなるとすべて反射して空気中に光が出ない□□□が起こる。　　[　　　　　]

Check2 凸レンズ （⇨試験に出る重要図表 ❷）

□④ 凸レンズを通った平行な光が屈折して集まる点を何というか。[　　　　　]

□⑤ 凸レンズによってスクリーンに映すことができる像を何というか。
　　[　　　　　]

□⑥ 凸レンズを通して見ることができ, スクリーンには映らない像を何というか。　　[　　　　　]

Check3 音 （⇨試験に出る重要図表 ❸）

□⑦ 物体の振動の幅（振幅）で, 音の□□□が決まる。　　[　　　　　]

□⑧ 1秒間に振動する数（振動数）で, 音の□□□が決まる。 [　　　　　]

Check4 力のはたらき （⇨試験に出る重要図表 ❹❺❻）

□⑨ 物体が地球の中心に向けて引かれる力を何というか。　　[　　　　　]

□⑩ 1つの物体にはたらく2力がつりあっているとき, 2力は□□□にあり, 向きが反対で, 力の大きさは□□□。 [　　　　　]・[　　　　　]

記述問題 次の問いに答えなさい。

□光ファイバーの中を進む光は, 光ファイバーの側面から外に出ることなく, 先端まで届く。この理由を簡単に説明しなさい。

[
　
]

25

入試実戦テスト

		得点
時間 20分		
合格 80点		/100

解答→別冊6ページ

1 【音の性質】**図1**のようにして音の大きさや高さを測定した。**図2，3，4**は，はじく弦の長さと，はじく強さを変えたときのコンピュータの画面上の波形である。ただし，縦軸は音の振幅を，横軸は時間を表し，1目盛りの振幅の大きさ，時間の長さは同じである。**次の問いに答えなさい。**

(10点×3)〔茨城－改〕

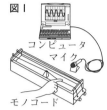
図1
コンピュータ
マイク
モノコード

(1) **図2**，**図3**を比較して，振動数と音の高さについて，正しいものを1つ選びなさい。　　[　　　]

　ア　**図2**のほうが**図3**より，振動数が多く，音が高い。

　イ　**図2**のほうが**図3**より，振動数が多く，音が低い。

　ウ　**図2**のほうが**図3**より，振動数が少なく，音が高い。

　エ　**図2**のほうが**図3**より，振動数が少なく，音が低い。

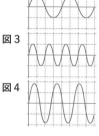
図2
図3
図4

(2) **図4**の波形が見られたときは，**図2**の波形に比べ，はじく弦の長さと，弦をはじく強さをそれぞれどのように変えたのか，書きなさい。　　[　　　　　　　]　[　　　　　　　]

2 【力のはたらき】質量80gの物体**E**をばね**Y**と糸でつないで電子てんびんにのせ，ばね**Y**を真上にゆっくり引き上げながら，電子てんびんの示す値とばね**Y**の伸びとの関係を調べた。表は，その結果をまとめたものである。糸とばね**Y**の質量，糸の伸び縮みは考えないものとし，質量100gの物体にはたらく重力の大きさを1.0Nとする。**次の問いに答えなさい。**(10点×2)〔愛媛－改〕

電子てんびんの示す値〔g〕	80	60	40	20	0
電子てんびんが物体**E**から受ける力の大きさ〔N〕	0.80	0.60	0.40	0.20	0
ばね**Y**の伸び〔cm〕	0	4.0	8.0	12.0	16.0

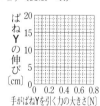
ばね**Y**の伸び〔cm〕
手がばね**Y**を引く力の大きさ〔N〕

(1) 表をもとに，ばね**Y**を引く力の大きさとばね**Y**の伸びとの関係を表すグラフを右図にかきなさい。

(2) ばね**Y**の伸びが6.0cmのとき，電子てんびんの示す値は何gか。[　　　　]

3 【光】あとの問いに答えなさい。(10点×5)〔長崎－改〕

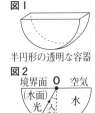

図1

半円形の透明な容器

〔実験1〕 **図1**のように，上部が開いた半円形の透明な容器を用意した。**図2**のように容器に水を入れ，容器の外側の光源から，境界面（水面）上にある点**O**に光を入射させた。

(1) 次の文は，**図2**の点**O**に入射させた光について説明したものである。（**X**）～（**Z**）に適する語句を下の語群から選び，文を完成させなさい。

X〔　　　　〕　Y〔　　　　〕　Z〔　　　　〕

> 光は点**O**で（**X**）する光と（**Y**）する光に分かれた。（**X**）角は入射角と等しいが，（**Y**）角は入射角より（**Z**）なる。

語群：大きく　小さく　反射　屈折

(記述)(2) **図2**の入射角を大きくしていったところ，ある角度を超えたとき，境界面（水面）から空気中に進む光が見られなくなった。このとき，光源から入射させた光は点**O**でどうなっているか簡潔に説明しなさい。

〔　　　　　　　　　　　　　　　　　　　　　　　　　　　〕

〔実験2〕 **図3**のように，光学台上に電球，「4」の数字がくりぬかれた板状の物体，凸レンズ，スクリーンを設置し，凸レンズは固定する。物体とスクリーンを動かし，物体，スクリーンともに凸レンズから焦点距離の2倍の位置で止めると，はっきりした像がスクリーンに映った。

図3

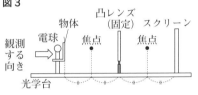

(重要)(3) スクリーンに**図4**のような像を映すためには，**図3**の矢印（⟹）の向きから見て，物体をどのように置けばよいか。次の**ア**～**エ**から選びなさい。　〔　　〕

図4

※**図3**の矢印（⟹）の向きから見たスクリーンに映った像

ア　　　　　イ　　　　　ウ　　　　　エ

● Key Points　**3** (1) 光が水中から空気中へ進むとき，屈折角＞入射角となる。
(3) スクリーンに映る像は実像で，上下左右が逆向きに見える。

27

第7日 電流とそのはたらき

✎ [　]にあてはまる語句を書きなさい。

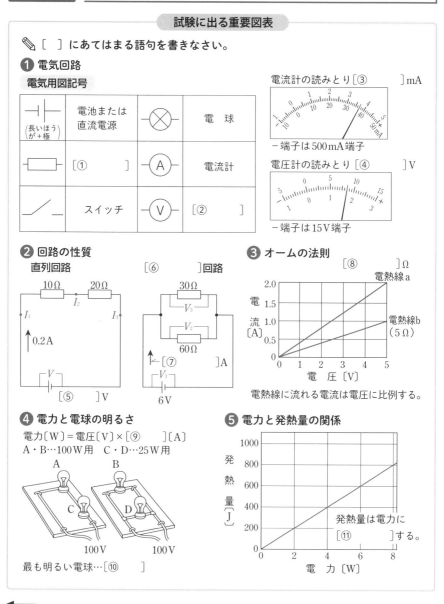

❶ 電気回路

電気用図記号

─┤├─ (長いほうが+極)	電池または 直流電源	⊗	電　球
▭	[①　　　]	Ⓐ	電流計
╱	スイッチ	Ⓥ	[②　　　]

電流計の読みとり［③　　　］mA
－端子は500mA端子

電圧計の読みとり［④　　　］V
－端子は15V端子

❷ 回路の性質

直列回路

10Ω　20Ω
I_1　I_2　I_3
0.2A
V
[⑤　　]V

［⑥　　　］回路

30Ω
V_3
V_2
60Ω
[⑦　　　]A
V_1
6V

❸ オームの法則

[⑧　　　]Ω
電熱線a
電熱線b（5Ω）

電流〔A〕

電　圧〔V〕

電熱線に流れる電流は電圧に比例する。

❹ 電力と電球の明るさ

電力〔W〕＝電圧〔V〕×［⑨　　　］〔A〕
A・B…100W用　C・D…25W用

A　B
C　D
100V　100V

最も明るい電球…[⑩　　]

❺ 電力と発熱量の関係

発熱量〔J〕

電　力〔W〕

発熱量は電力に
［⑪　　　］する。

① 電流計・電圧計の接続と，目盛りの読み方を覚えておこう。
② 直列回路と並列回路の，電流・電圧の決まりと，抵抗について理解しておこう。
③ 電流による発熱量は電力に比例することをおさえておこう。

解答→別冊7ページ

Check1　電流計と電圧計 （⇨試験に出る重要図表 ❶）

□① 電流が流れる道筋を何というか。　　　　　　　　　　　[　　　　　]
□② 電流計を接続するとき，5 A，500mA，50mA の−端子のうち，まず，どの端子を選ぶか。　　　　　　　　　　　　　　　　　　　[　　　　　]
□③ 電流を流そうとするはたらきを表す量を何というか。　[　　　　　]
□④ ③の単位は何か。　　　　　　　　　　　　　　　　　[　　　　　]

Check2　直列回路と並列回路 （⇨試験に出る重要図表 ❷）

□⑤ 前ページの❷の直列回路で，電流 I_1, I_2, I_3 の関係を答えよ。[　　　　　]
□⑥ 前ページの❷の並列回路で，電圧 V_1, V_2, V_3 の関係を答えよ。[　　　　　]

Check3　オームの法則 （⇨試験に出る重要図表 ❸）

□⑦ 1 V の電圧を加えて，1 A の電流が流れるときの抵抗はいくらか。

[　　　　　]

□⑧ 10Ω の電熱線に 6 V の電圧を加えたとき，流れる電流の強さは何 A か。

[　　　　　]

Check4　電力と発熱量 （⇨試験に出る重要図表 ❹❺）

□⑨ 100V−100W の電球と 100V−200W の電球に同じ電圧を加えたとき，どちらのほうが明るく点灯するか。　　　　　　　　　　　[　　　　　]
□⑩ 1 W の電力を 1 秒間使うと[　　　]J の熱が発生する。　[　　　　　]
□⑪ 消費電力が 1200W のアイロンを 10 分間使ったときの電力量は何 J か。

[　　　　　]

記述問題　次の問いに答えなさい。

□電圧計の−端子を接続するとき，まず，最も大きな電圧を測定できる 300V の端子に接続するのはなぜか。この理由を簡単に説明しなさい。

[

]

ひ 第**7**日　**入試実戦テスト**

解答→別冊 7 ページ

1 【電　流】**電熱線を用いた実験について次の問いに答えなさい。**ただし，電熱線 1 から電熱線 3 のうち，電熱線 1 と電熱線 2 は同じ電気抵抗であることがわかっている。（12 点×5）〔沖縄－改〕

重要 (1) **図 I** において端子 b と端子 c を導線で接続して，電源装置の電圧を 6.0V に調整し，スイッチを入れた。このときの電流計と電圧計は**図 2** のようになった。電流計に流れる電流は何 A か。また，電圧計にかかる電圧は何 V か。それぞれ答えなさい。　電流［　　　　］　電圧［　　　　］

図 I

電源装置　スイッチ
電熱線 3
電熱線 2
c　　d
a　　b
電流計
電熱線 1
電圧計

(2) **図 I** において端子 a と端子 c 及び，端子 b と端子 d を導線で接続して，電源装置の電圧を 6.0V に調整し，スイッチを入れた。電流計に流れる電流は何 A か答えなさい。　　　　［　　　　］

図 2

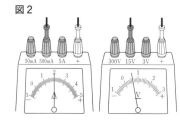

50mA 500mA 5A ＋　　　300V 15V 3V ＋

(3) **図 I** において電熱線 1，電熱線 2，電熱線 3 を並列に接続して，電源装置の電圧を 6.0V に調整し，スイッチを入れたとき，電流計が示す電流の大きさは，(2)で求めた値と比べてどうなることが予想されるか。次の**ア～ウ**の中から 1 つ選び記号で答えなさい。　　　　　　　　　　　［　　　　］

ア　大きくなる　　**イ**　小さくなる　　**ウ**　変化しない

(4) 「100V　50W」と表示がある扇風機と，「100V　1200W」と表示があるドライヤーを 100V の家庭用電源に接続した。ドライヤーを 5 分間使用したときと同じ電気料金になる扇風機の使用時間を，次の**ア～カ**の中から 1 つ選び記号で答えなさい。ただし，電気料金は電力量に比例するものとする。　　　　　　　　　　　　　　　　　　　　［　　　　］

ア　60 分　　　**イ**　72 分　　　**ウ**　108 分
エ　120 分　　**オ**　180 分　　**カ**　720 分

Key Points　**1** (2) 電熱線 I と電熱線 2 の並列回路となる。
(4) 電力量を求める式（電力量＝電力×時間）から考える。

2 【電　流】 **電流とその利用に関する次の問いに答えなさい。**（10点×4）〔愛媛〕

〔実験1〕　電熱線**a**を用いて，**図1**のような装置をつくった。電熱線**a**の両端に加える電圧を8.0Vに保ち，8分間電流を流しながら，電流を流し始めてからの時間と水の上昇温度との関係を調べた。この間，電流計は2.0Aを示していた。次に，電熱線**a**を電熱線**b**に変えて，電熱線**b**の両端に加える電圧を8.0Vに保ち，同じ方法で実験を行った。**図2**はその結果を表したグラフである。

図1

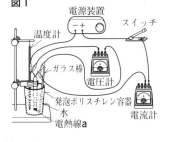

〔実験2〕　**図1**の装置で，電熱線の両端に加える電圧を8.0Vに保って電流を流し始め，しばらくしてから，<u>電熱線**a**の両端に加える電圧を4.0Vに変えて保つ</u>と，電流を流し始めてから8分後に，水温は8.5℃上昇していた。下線部のとき，電流計は1.0Aを示していた。

ただし，実験1，2では，水の量，室温は同じであり，電流を流し始めたときの水温は室温と同じにしている。また，熱の移動は電熱線から水への移動のみとし，電熱線で発生する熱はすべて水の温度上昇に使われるものとする。

図2

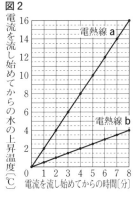

(1) 電熱線**a**の抵抗の値は何Ωか。　　　　　　　　　　［　　　　　　］

重要(2) 次の文の①，②の（　）の中から，それぞれ適当なものを1つずつ選び，その記号を書け。　　　　　　　　①［　　　］　②［　　　］

実験1で，電熱線**a**が消費する電力は，電熱線**b**が消費する電力より①（**ア**　大きい　**イ**　小さい）。また，電熱線**a**の抵抗の値は，電熱線**b**の抵抗の値より②（**ウ**　大きい　**エ**　小さい）。

(3) 実験2で，電圧を4.0Vに変えたのは，電流を流し始めてから何秒後か。次の**ア**〜**エ**のうち，最も適当なものを1つ選び，その記号を書け。

［　　　　　　］

ア　30秒後　　　**イ**　120秒後　　　**ウ**　180秒後　　　**エ**　240秒後

🔍 **Key Points**　**2** (1) オームの法則を使って求める。
(3) 8.0Vの電圧を加えたとき，1分間ごとに水温は2.0℃上昇する。

第8日　電流と磁界・電流と電子

試験に出る重要図表

✎ [　]にあてはまる語句を書きなさい。

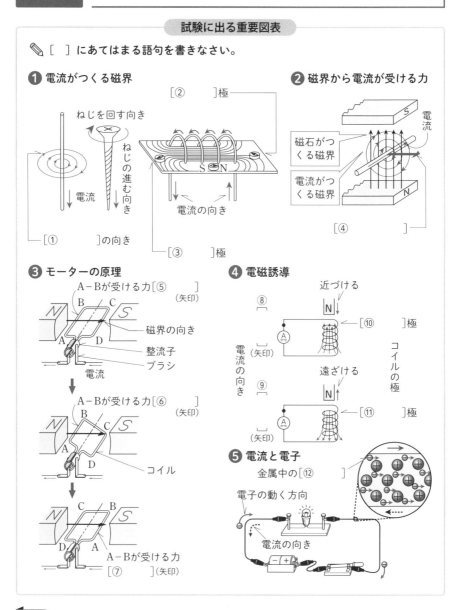

❶ 電流がつくる磁界

ねじを回す向き

ねじの進む向き

電流

[①　　　　]の向き

[②　　　]極

電流の向き

[③　　　]極

❷ 磁界から電流が受ける力

S

電流

磁石がつくる磁界

電流がつくる磁界

N

[④　　　　]

❸ モーターの原理

A−Bが受ける力[⑤　　　](矢印)

B　C

N　　S

A　D

磁界の向き

整流子

ブラシ

電流

A−Bが受ける力[⑥　　　](矢印)

B　C

N　　S

A　D

コイル

C　B

N　　S

D　A

A−Bが受ける力[⑦　　　](矢印)

❹ 電磁誘導

近づける

N↓

[⑧　　]

(矢印)

電流の向き

[⑨　　]

(矢印)

遠ざける

N↑

[⑩　　　]極

[⑪　　　]極

コイルの極

❺ 電流と電子

金属中の[⑫　　　]

電子の動く方向

電流の向き

−　+

① 磁石のまわりにできる**磁界のようす**，**磁界の向き**を覚えておこう。
② 導線やコイルに流れる**電流の向き**と，**磁界の向き**をおさえておこう。
③ **磁界の変化**によってコイルに生じる**電流の向き**についておさえておこう。

解答→別冊 9 ページ

Check1 電流がつくる磁界（⇨試験に出る重要図表 ❶）

□① 磁界の向きを線でつないだ曲線を何というか。 [   ]

□② コイルに流れる電流の向きに右手の 4 本の指先を合わせたとき，親指の向
きは□□□□の中の磁界の向きになる。 [   ]

Check2 磁界から電流が受ける力（⇨試験に出る重要図表 ❷❸）

□③ 前ページ❷のように，磁界の中にある導線に電流を流したとき，磁界の向き，
電流の向き，電流が受ける力の向きはたがいにどのような角度ではたらくか。
[   ]

□④ ③で電流の向きを逆にすると，電流が受ける力の向きはどうなるか。
[   ]

Check3 電磁誘導（⇨試験に出る重要図表 ❹）

□⑤ コイルの中の磁界の変化で，コイルに電流が流れる現象を何というか。
[   ]

□⑥ ⑤のときに流れる電流を何というか。 [   ]

Check4 電流と電子（⇨試験に出る重要図表 ❺）

□⑦ ストローをティッシュペーパーで摩擦すると，何という電気が生じるか。
[   ]

□⑧ 回路を流れる電流の向きと，電子が動く向きはどうなっているか。
[   ]

記述問題 次の問いに答えなさい。

□電磁誘導で生じる誘導電流を，磁石やコイルを変えずに大きくするには，どの
ようにすればよいか，簡単に書きなさい。

[   ]

第 **8** 日 **入試実戦テスト**

時間	20 分
合格	80 点

得点

／100

解答→別冊 9 ページ

1 【電流・磁界・力】下の図のような装置をつくり，スイッチを入れ，電流を流してコイルを観察した。**次の問いに答えなさい。**（10 点× 4 ）

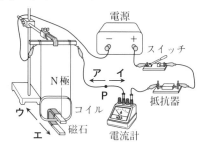

(1) 導線の **P** 点を流れる電流の向きは，**ア・イ**のどちらですか。　［　　　　］

(2) コイルは，**ウ・エ**のどちらの向きに力を受けますか。　［　　　　］

(記述)(3) コイルが受ける力の向きを，(2)と逆向きにするには，装置をどのように変えればよいですか。その方法を 1 つ書きなさい。

［　　　　　　　　　　　　　　　　　　　　　　　　　　　　　　　　　　　］

(記述)(4) コイルが受ける力の大きさを大きくするには，装置をどうすればよいですか。その方法を 1 つ書きなさい。

［　　　　　　　　　　　　　　　　　　　　　　　　　　　　　　　　　　　］

2 【電　流】図 I のように，蛍光板を入れた真空放電管の電極 **A**，**B** 間に高い電圧を加えると，蛍光板上に光る線が現れた。さらに，図 2 のように，電極 **C**，**D** 間に電圧を加えると，光る線は電極 **D** 側に曲がった。**次の問いに答えなさい。**（10 点× 3 ）〔愛媛〕

図 I

C 蛍光板　真空放電管
A
B
D　　光る線

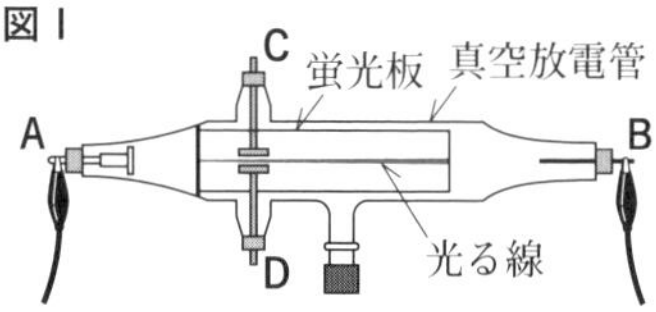

図 2

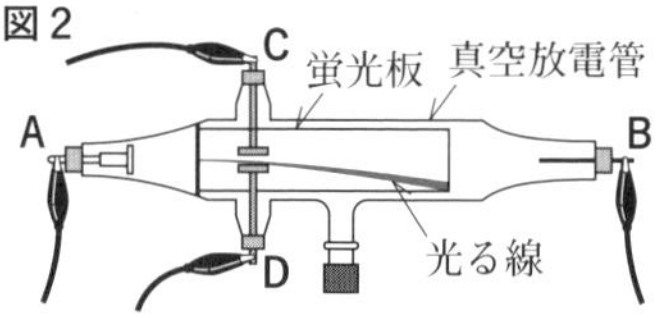

C 蛍光板　真空放電管
A
B
D　　光る線

(1) 図 I の蛍光板上に現れた光る線は，何という粒子の流れによるものか，その粒子の名称を書きなさい。　［　　　　］

(2) 図 2 の電極 **A**，**C** は，それぞれ＋極，－極のいずれになっているか。＋，－の記号で書きなさい。　　A［　　　］　C［　　　］

Key Points
■ (3) 電流の向きか磁界の向きが変わるようにする。
■ (2) (1)の粒子は－の電気をもっていることから考える。

3 【電流と磁界】磁界の変化と電流の関係を
調べるために，次の実験を行った。**あとの
問いに答えなさい。**（6点×5）〔佐賀－改〕

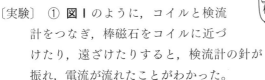
図1

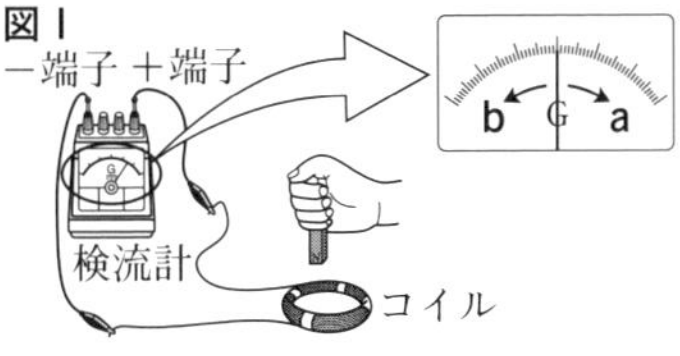

〔実験〕 ① **図1**のように，コイルと検流
計をつなぎ，棒磁石をコイルに近づ
けたり，遠ざけたりすると，検流計の針が
振れ，電流が流れたことがわかった。

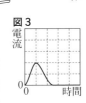
図2

② **図1**の状態から棒磁石のN極をコイルに近
づけると，検流計の針が**図1**の矢印**a**の向きに振れた。

③ **図2**のように，検流計のかわりにコンピュータをつなぎ，
コイルの中央からコイルに接触しないように棒磁石のN
極を下に向け，静かに手をはなして落とし，流れる電流
の大きさを調べると，**図3**のようになった。ただし，横
軸は時間，縦軸は発生した電流の大きさを表している。

図3

(1) 実験の①のように，コイルのまわりの磁界の変化によって生じる電流を何
といいますか。[   ]

重要 (2) 右の図の**ア～エ**のように，磁
石またはコイルを動かしたと
き，検流計の針が**図1**の矢印
bの向きに振れるのはどれで

ア S極をコイルから遠ざける イ S極をコイルに近づける ウ コイルをN極から遠ざける エ コイルをN極に近づける

すか。**ア～エ**から2つ選び，記号を書きなさい。
[   ] [   ]

(3) 実験の③で，次のⅰ），ⅱ）のように条件を変えたとき，電流の強さはど
うなりますか。下の図の**ア～エ**から1つずつ選び，記号を書きなさい。

ⅰ）③と同じ位置から，力を下向きに加えて，棒磁石を速く落下させる。
[   ]

ⅱ）コイルを同じ形で巻き数だけを約2倍に増やしたものにとり替えて，
③と同じ位置から静かに手をはなして棒磁石を落下させる。[   ]

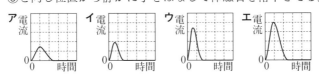

ア 電流／時間　イ 電流／時間　ウ 電流／時間　エ 電流／時間

Key Points **3** (3) 棒磁石の動きが速くなったり，コイルの巻き数が増えたりしたときに，磁界の
変化がどうなるか考える。

35

第9日 運動のようす

✎ [　] にあてはまる語句を書きなさい。

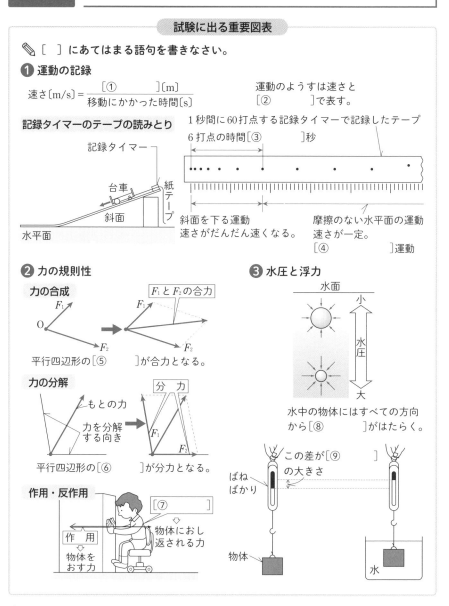

① 運動の記録

速さ[m/s] = $\dfrac{[①\qquad][m]}{移動にかかった時間[s]}$

運動のようすは速さと
[②　　　　]で表す。

記録タイマーのテープの読みとり

1秒間に60打点する記録タイマーで記録したテープ

6打点の時間[③　　　]秒

記録タイマー

台車　　紙テープ

斜面

水平面

斜面を下る運動
速さがだんだん速くなる。

摩擦のない水平面の運動
速さが一定。
[④　　　　]運動

② 力の規則性

力の合成

F_1とF_2の合力

O　F_1　F_2

平行四辺形の[⑤　　　]が合力となる。

力の分解

もとの力

力を分解
する向き

分　力

F_1　F_2

平行四辺形の[⑥　　　]が分力となる。

作用・反作用

[⑦　　　　]

物体におし
返される力

作　用

物体を
おす力

③ 水圧と浮力

水面

小

水圧

大

水中の物体にはすべての方向
から[⑧　　　　]がはたらく。

この差が[⑨　　　]
の大きさ

ばね
ばかり

物体

水

① 力がはたらくときの**物体の運動**と，はたらかないときの**慣性**についておさえよう。
② **力の合成・分解**の作図のしかたを覚えておこう。
③ **水中の物体への力のはたらき方**を覚えておこう。

解答→別冊 10 ページ

Check1 運 動 （⇨試験に出る重要図表 ❶）

□① 運動している物体が一定時間に移動する距離を[＿＿＿]という。[　　　　　　]

□② 1秒間に50打点する記録タイマーで記録したテープの5打点ごとの時間は[＿＿＿]秒である。[　　　　　　]

□③ 斜面を下る台車にはたらく，斜面に沿った力の大きさは，同じ斜面では時間によって変化[＿＿＿]。[　　　　　　]

□④ 斜面を下る台車の速さは，時間によって変化[＿＿＿]。[　　　　　　]

□⑤ 物体に力がはたらいていないとき，静止している物体は静止し続け，運動している物体は一定の速さで運動し続ける性質を何というか。[　　　　　]

Check2 力の規則性 （⇨試験に出る重要図表 ❷）

□⑥ 向きが異なる2力の合力は，2力を2辺とする[＿＿＿]の対角線になる。[　　　　　　]

□⑦ 1つの力を2つの力に分けることを力の[＿＿＿]といい，分けた2力をもとの力の[＿＿＿]という。[　　　　]・[　　　　]

□⑧ 1つの物体が他の物体に力を加えた場合，同時に同じ大きさの逆向きの力を受ける。この法則を何というか。[　　　　　　]

Check3 水中の物体にはたらく力 （⇨試験に出る重要図表 ❸）

□⑨ 水の深さが深くなるほど水圧の大きさは[＿＿＿]なる。[　　　　　]

□⑩ 水中の物体にはたらく上向きの力を何というか。[　　　　　]

□⑪ ⑩は，水中の物体の体積が大きいほど[＿＿＿]。[　　　　　]

記述問題 次の問いに答えなさい。

□坂道を下るときの自転車は，ペダルをこがなくても速さが速くなっていく。この理由を簡単に書きなさい。

[　　　　　　　　　　　　　　　　　　　　　　　　　　　　　]

入試実戦テスト

解答→別冊 10 ページ

1 【力の合成】右の図は，天井に固定した滑車におもりを糸でつり下げ，力がつりあった状態を示している。図中の**O**点は糸**A**，**B**，**C**の結び目である。また，おもり1個の質量は100g である。**次の問いに答えなさい。**ただし，質量 100g の物体にはたらく重力を1N とする。（15点×2）

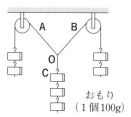

おもり
（1個100g）

(1) 糸**A**，**B**が**O**点を引く力の合力の大きさは何 N ですか。　　［　　　　　］

(2) 図で糸**B**と**C**につり下げたおもりの数を変えないで，糸**A**のおもりの数を3個にしてつりあわせた。このとき，糸**A**と**B**が**O**点を引く力の合力の大きさは，(1)の合力と比べてどうなりますか。　　［　　　　　］

2 【浮　力】図のように，底面積が 16cm^2 の直方体で重さが1.2N の物体**A**をばねにつるし，水を入れたビーカーを持ち上げ，物体**A**が傾いたり，ばねが振動したりすることのないように，物体**A**を水中に沈めたときの，ばねの伸びを測定した。図の **x** は，物体**A**を水中に沈めたときの，水面から物体**A**の底面までの深さを示しており，表は実験の結果をまとめたものである。（14点×2）〔岐阜－改〕

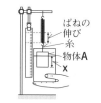

ばねの伸び
糸
物体**A**
x

深さ **x**〔cm〕	0	1.0	2.0	3.0	4.0	5.0	6.0	7.0
ばねの伸び〔cm〕	6.0	5.2	4.4	3.6	2.8	2.0	2.0	2.0

重要 (1) 実験で，物体**A**を水中にすべて沈めたとき，物体**A**にはたらく水圧の向きと大きさを模式的に表したものとして最も適切なものを，次の**ア～オ**から1つ選び，記号で答えなさい。ただし，矢印の向きは水圧のはたらく向きを，矢印の長さは水圧の大きさを表している。　　［　　　　　］

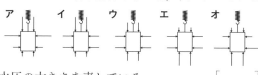

ア　イ　ウ　エ　オ

(2) 実験で，深さ **x** が 4.0cm のとき，物体**A**にはたらく浮力の大きさは何 N ですか。　　［　　　　　］

Key Points

1 (2) **C** の糸が **O** 点を引く力の大きさは変わっていない。
2 (1) 水圧は深いほど大きくなる。

3 【物体の運動】斜面を下る台車の速さを調べる実験を行った。**あとの問いに答えなさい。**ただし，実験において斜面と台車の間の摩擦や空気の抵抗は考えないものとする。(14点×3)〔茨城－改〕

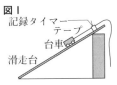

図1

〔手順〕　① 滑走台を斜めに固定する（**図1**）。

② 台車を斜面上に静止させ，そっと手をはなす。このときの台車の運動を記録タイマー（1秒間に50回打点するもの）で記録する。

③ テープを0.1秒間ごとにハサミで切り取り，**図2**のように，左から順に紙へ貼りつける。

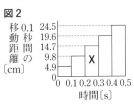

図2

(重要) (1) **図3**において，斜面上の台車にはたらく重力**W**を，斜面に沿う力**A**と斜面に垂直な力**B**に分解し，力**A**と力**B**を矢印でかき入れなさい。ただし，作図した矢印が力**A**と力**B**のどちらかがわかるように，**A**，**B**の記号をそれぞれ書きなさい。

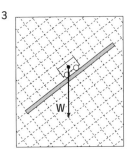

図3

(2) **図2**において**X**のテープに打点が記録された間の台車の平均の速さは何cm/sか，求めなさい。

[　　　　　　]

(3) **図4**のように自転車が斜面上の点**P**で斜面を下り始めたところ，速さは一定の割合で増えた。5秒後から，ブレーキをかけることで，自転車は一定の速さで斜面を下った。この運動のようすを表したグラフとして最も適当なものを，次の**ア**〜**エ**から選び，記号を書きなさい。ただし，自転車が点**P**から斜面を下り始めるときを0秒とする。

図4

[　　　　　　]

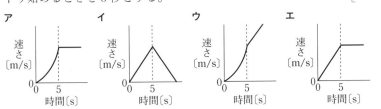

ア　イ　ウ　エ

(Key Points) **3** (1) 力**W**が対角線となるような平行四辺形を考える。
(3) 斜面を下る運動では，速さは時間に比例する。

第10日 仕事とエネルギー

試験に出る重要図表

✎ [　]にあてはまる語句を書きなさい。

❶ 物体のもつエネルギー

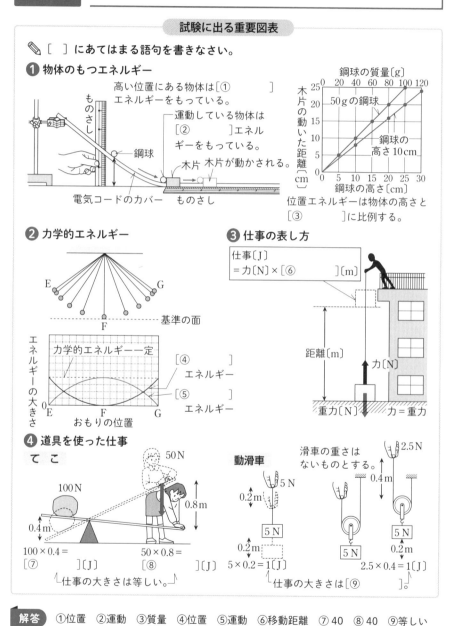

高い位置にある物体は[①　　　]エネルギーをもっている。

運動している物体は[②　　　]エネルギーをもっている。

木片が動かされる。

電気コードのカバー　ものさし

位置エネルギーは物体の高さと[③　　　]に比例する。

❷ 力学的エネルギー

基準の面

力学的エネルギー一定

[④　　　]エネルギー

[⑤　　　]エネルギー

❸ 仕事の表し方

仕事[J]＝力[N]×[⑥　　　][m]

距離[m]

力[N]

重力[N]　　力＝重力

❹ 道具を使った仕事

てこ

100N　50N　0.8m　0.4m

100×0.4＝[⑦　　　][J]　　50×0.8＝[⑧　　　][J]

仕事の大きさは等しい。

動滑車

5N　0.2m　5N　0.2m　5×0.2＝1[J]

滑車の重さはないものとする。

2.5N　0.4m　5N　0.2m　2.5×0.4＝1[J]

仕事の大きさは[⑨　　　]。

解答　①位置　②運動　③質量　④位置　⑤運動　⑥移動距離　⑦40　⑧40　⑨等しい

① 位置エネルギーと運動エネルギーの性質を理解しておこう。
② 力学的エネルギーが表すものについておさえておこう。
③ 仕事の原理を理解し，仕事の大きさの求め方を覚えておこう。

解答→別冊 11 ページ

Check1　力学的エネルギー（⇨試験に出る重要図表 ❶❷）

□① 物体のもつエネルギーのうち，高さが高いほど，また質量が大きいほど，
　　大きくなるエネルギーを[　　　]という。　　　　　　　　[　　　　　　　]

□② 物体のもつエネルギーのうち，速さが速いほど，また質量が大きいほど，
　　大きくなるエネルギーを[　　　]という。　　　　　　　　[　　　　　　　]

□③ ①，②の2つのエネルギーの和を何とよぶか。　　　　　　[　　　　　　　]

Check2　仕　事（⇨試験に出る重要図表 ❸）

□④ 物体に力を加えてある向きに移動させたとき，力がその物体に対して
　　[　　　]をしたという。　　　　　　　　　　　　　　　　[　　　　　　　]

□⑤ 他の物体に対して仕事をする能力を[　　　]という。　　[　　　　　　　]

□⑥ 仕事の大きさを表す単位Jは，何と読むか。　　　　　　[　　　　　　　]

□⑦ 1秒間あたりにする仕事を[　　　]といい，単位はワット（記号[　　　]）を
　　用いる。　　　　　　　　　　　　　　[　　　　　　]・[　　　　　　　]

Check3　道具を使った仕事（⇨試験に出る重要図表 ❹）

□⑧ 前ページの❹のように動滑車を使うと，直接物体を同じ距離だけ引き上げ
　　たときと比べて，引き上げる力は[　　　]になるが，手で動かす距離は
　　[　　　]倍になる。　　　　　　　　　[　　　　　　]・[　　　　　　　]

□⑨ ⑧のとき，動滑車を使った場合と使わなかった場合で，仕事の大きさは
　　[　　　]になる。これを[　　　]という。[　　　　　]・[　　　　　　　]

記述問題　次の問いに答えなさい。

□ 質量が同じ2つの鋼球を，手をはなす高さを変えて粘土板の上に落としたら，
　高いほうから落とした鋼球のほうが，粘土板のへこみ方が大きかった。この理
　由を，簡単に書きなさい。

[

]

41

第10日 **入試実戦テスト**

解答→別冊 11 ページ

1 【振り子の運動】糸でおもりをつるして振り子をつくり，おもりを **a** の位置まで手で引き上げた。その後，静かにはなしたところ，おもりは，**ア，イ，ウ**を通過して，**a** と同じ高さの**エ**まで移動した。図 I はそのときのようすである。**摩擦や空気抵抗はないものとして，次の問いに答えなさい。**(14 点× 2)〔山口〕

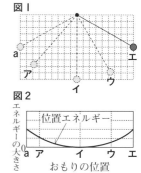

図 I

図 2

(1) 図 I で，**ア，イ，ウ，エ**でのおもりの速さを大きい順に並べかえなさい。

[　　　→　　　→　　　→　　　]

重要 (2) **イ**での位置エネルギーを 0 とし，おもりが **a** から**エ**に移動するときのおもりのもつ位置エネルギーの大きさを線で模式的に表すと，**図 2** のようになった。おもりが **a** から**エ**に移動するとき，おもりの位置と力学的エネルギーの大きさを表す線を**図 2** にかきなさい。

2 【て　こ】てこのはたらきを調べるために，図のような装置で実験を行った。**あとの問いに答えなさい。**ただし，棒と糸の重さや摩擦は無視できるものとし，糸は伸び縮みしないものとする。(14 点× 3)〔山形一改〕

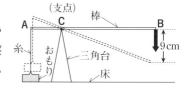

〔実験〕 長さ 40cm の棒を三角台にのせ，てことして用いた。棒の左端を **A**点，右端を **B** 点，てこの支点を **C** 点とする。**AC** = 10cm，**BC** = 30cm である。**A** 点に重さ 12N のおもりを糸でつるすと，糸は **A** 点から真下に張り，おもりは床の上に静止した。**B** 点に下向きの力を加え，**B** 点を 9 cm 押し下げた。

(1) おもりが床からもち上げられた高さは何 cm ですか。 [　　　　　]

(2) **B** 点に加えられた力の大きさは何 N ですか。 [　　　　　]

(3) 床からもち上げられたことで増加したおもりの位置エネルギーは何 J ですか。 [　　　　　]

Key Points　**1** (2) 位置エネルギーと運動エネルギーは，たがいに移り変わる。
2 (3) おもりがされた仕事の大きさと等しい。

3 【仕　事】次の実験について，あとの問いに答えなさい。(10点×3)〔福島−改〕

① 図 I のように，おもりを 5.0cm 引き上げた。おもりを引き
上げるときに手が加えた力の大きさを，ばねばかりを使っ
て調べた。また，おもりが動き始めてから 5.0cm 引き上
げるまでに手を動かした距離を，ものさしを使って調べた。

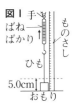

② 図 2 のように，定滑車を 2 個使って，①と同じおもりを，①
と同じ速さで 5.0cm 引き上げた。このと
き手が加えた力の大きさと手を動かした距
離を①と同じように調べた。

③ 図 3 のように，動滑車を使って，①と同じ
おもりを，①と同じ速さで 5.0cm 引き上
げた。このとき手が加えた
力の大きさと手を動かした
距離を，①と同じように調
べた。

〔結果〕

	手が加えた力の大きさ〔N〕	手を動かした距離〔cm〕
①	3.0	5.0
②	3.0	5.0
③	1.5	10.0

(記述)(1) 次の文は，実験の結果からわかったことについて述べたものである。
　　　□□□にあてはまる適切な言葉を，仕事という語句を用いて書きなさい。

　動滑車を使うと，小さい力でおもりを引き上げることができるが，□□□□。

[　　　　　　　　　　　　　　　　　　　　　　　　　　　　　　　　　　　]

(2) 実験①〜③で，おもりを 5.0cm 引き上げたときの仕事率をそれぞれ P_1,
P_2, P_3 とすると，これらの関係はどのようになるか，次の**ア〜カ**の中か
ら 1 つ選びなさい。　　　　　　　　　　　　　　　　　　　　[　　　]

ア　$P_1 = P_2$　$P_1 > P_3$　　**イ**　$P_1 > P_2 > P_3$　　**ウ**　$P_1 = P_2 = P_3$

エ　$P_1 = P_2$　$P_1 < P_3$　　**オ**　$P_1 < P_2 < P_3$　　**カ**　$P_2 = P_3$　$P_1 > P_2$

(3) 図 4 のように定滑車と動滑車を組み合わせて質量 15kg の
おもりを引き上げることにした。ひもの端を一定の速さで
真下に 1.0m 引いたとき，ひもを引く力がした仕事の大き
さは何 J か。ただし，質量 100g の物体にはたらく重力の
大きさを 1 N とする。　　　　　　　　　[　　　　　]

Key Points　**3** (2) 仕事率は，1 秒間あたりにする仕事。
　　　　　　　　 (3) 定滑車はひもを引く向きを変える滑車である。

総仕上げテスト

解答→別冊13ページ

1 5つのビーカー A〜E を用意し，それぞれにうすい塩酸 12cm³ を入れた。**図 I** のように，うすい塩酸 12cm³ の入ったビーカー A を電子てんびんにのせて反応前のビーカー全体の質量をはかったところ，59.1g であった。次に，このビーカー A に石灰石 0.5g を加えたところ，反応が始まり，気体 X が発生した。気体 X の発生が見られなくなってから，ビーカー A を電子てんびんにのせて反応後のビーカー全体の質量をはかった。その後，ビーカー B〜E のそれぞれに加える石灰石の質量を変えて，同様の実験を行った。表はその結果をまとめたものである。**これに関する次の問いに答えなさい**。ただし，発生する気体 X はすべて空気中に出るものとする。

図 I　うすい塩酸
ビーカー A
電子てんびん

	A	B	C	D	E
加えた石灰石の質量　〔g〕	0.5	1.0	1.5	2.0	2.5
反応前のビーカー全体の質量　〔g〕	59.1	59.1	59.1	59.1	59.1
反応後のビーカー全体の質量　〔g〕	59.4	59.7	60.0	60.5	61.0

（6点×3）〔静岡〕

(1) 気体 X は何か。その気体の名称を書きなさい。

[　　　　　　　　　]

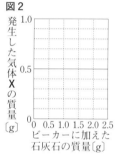

図2
発生した気体 X の質量〔g〕
0　0.5　1.0　1.5　2.0　2.5
ビーカーに加えた石灰石の質量〔g〕

重要 (2) うすい塩酸 12cm³ の入ったビーカーに加えた石灰石の質量と，発生した気体 X の質量の関係を表すグラフを，**図2** にかきなさい。

(3) ビーカー F を用意し，ビーカー A〜E に入れたものと同じ濃度のうすい塩酸を入れた。続けて，ビーカー F に石灰石 5.0g を加え，いずれか一方が完全に反応するまで反応させた。このとき，発生した気体 X は 1.0g であった。ビーカー F に入れたうすい塩酸の体積は何 cm³ と考えられるか。計算して答えなさい。ただし，塩酸と石灰石の反応以外の反応は起こらないものとする。

[　　　　　　　　　]

🔑 Key Points **1** (2) 発生した気体の質量＝反応前の全体の質量－反応後の全体の質量
(3) 実験より塩酸 12cm³ と過不足なく反応する石灰石の質量を考える。

2 図1のような装置を用いて，球がもつ位置エネルギーについて調べる実験を行った。実験では，質量20gの球Xを，球の高さが10cm，20cm，30cmの位置から斜面に沿って静かに転がして木片に衝突させ，木片が動いた距離をそれぞれはかった。

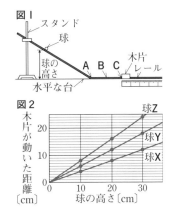

次に，球Xを，質量30gの球Y，質量40gの球Zに変えて，それぞれ実験を行った。図2は，球の高さと木片が動いた距離の関係をグラフで表したものである。ただし，球とレールとの間の摩擦や空気の抵抗は考えないものとし，質量100gの物体にはたらく重力の大きさを1Nとする。**次の問いに答えなさい。**（5点×4）〔福岡〕

重要 (1) 球Xは斜面を転がった後，一定の速さでA点からB点を通ってC点まで水平なレール上を転がった。このように，一定の速さで一直線上を進む運動を何というか。また，**図3**は，球XがB点を通過しているときの球Xを表している。このときの球Xにはたらく垂直抗力を**図3**に力の矢印で示しなさい。なお，力の作用点を・で示すこと。ただし，**図3**の1目盛りを0.1Nとする。　　〔　　　　　　　　〕

図3

(2) 図1の装置を用いて，質量のわからない球Mを，球の高さが10cmの位置から斜面に沿って静かに転がすと，木片が11cm動いた。球Mの質量は何gですか。　　〔　　　　　　　　〕

(3) 図4のような装置をつくり，球XをP点から斜面に沿って転がした。このとき球Xは，Q点，R点，S点を通ってT点に達した。**図5**は，球XがP点からS点に達するまでの，球Xがもつ位置エネルギーの変化を，模式的に示したものである。球XがP点からS点に達するまでの，球Xがもつ運動エネルギーの変化を，**図5**に記入しなさい。

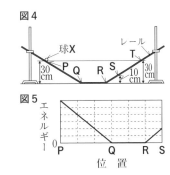

3 炭酸水素ナトリウムを加熱して，次の実験を行った。**あとの問いに答えなさい。**（7点×6）〔栃木一改〕

〔実験1〕 炭酸水素ナトリウム8.4gを乾いた試験管に入れ，試験管全体の質量を測定すると33.1gであった。その後，図のように加熱し，発生する気体をビーカー内の_aある溶液に通したところ，溶液が白く濁った。また，試験管の口付近に液体が観察できた。

〔実験2〕 気体が発生しなくなるまで加熱し続けたところ，試験管には白い固体（炭酸ナトリウム）が残った。その後，ガラス管を溶液から出し，十分に冷ましてから，試験管の口にたまった液体を_bある試験紙につけたところ，試験紙の色が青色から赤色に変化した。また，試験管の口にたまった液体を完全にとり除いてから，試験管全体の質量を測定すると，30.0gであった。

(1) 実験1で用いた_aある溶液と，実験2で用いた_bある試験紙の名称をそれぞれ書きなさい。　a〔　　　　　　　〕　b〔　　　　　　　〕

(記述)(2) 炭酸水素ナトリウムを加熱するとき，試験管が割れるのを防ぐために，図のように試験管の口を少し下げておく必要がある。それはなぜか，簡潔に書きなさい。〔　　　　　　　　　　　　　　　〕

(3) 次の文は，炭酸水素ナトリウムと，加熱によりできた炭酸ナトリウムの違いを確かめるための方法と結果について述べたものである。**A，C**にあてはまる語の正しい組み合わせを，下の**ア〜エ**から選びなさい。また，**B**にあてはまる物質名を書きなさい。　記号〔　　〕　B〔　　　　　　　〕

> それぞれの物質を同じ量だけとり，少量の水に溶かすと，炭酸ナトリウムのほうが水に（　**A**　），また，それぞれの水溶液に（　**B**　）液を加えると，炭酸ナトリウム水溶液のほうが，（　**C**　）赤色になる。

ア A…溶けにくく　C…こい　　**イ** A…溶けにくく　C…うすい
ウ A…溶けやすく　C…こい　　**エ** A…溶けやすく　C…うすい

(4) この反応において，炭酸ナトリウム10gをつくるためには，炭酸水素ナトリウムが何g必要ですか。小数第1位を四捨五入して，整数で書きなさい。〔　　　　　　　〕

Key Points **3** (2) 実験により試験管に発生する物質から考える。
(4) 炭酸水素ナトリウム8.4gから炭酸ナトリウムが何g生じたか。

4 表 I は，3 種類の抵抗器 X 〜 Z のそれぞれについて，両端に加わる電圧と流れた電流をまとめたものである。**これについて，次の問いに答えなさい。**

（5 点 × 4）〔兵庫〕

表 I

抵抗器	電圧〔V〕	電流〔mA〕
X	3.0	750
Y	3.0	375
Z	3.0	150

(1) 抵抗器 X の抵抗の大きさは何 Ω か，求めなさい。　　　[　　　　　　　]

重要 (2) **図 I** のように，抵抗器 X と Z を用いて回路をつくり，電源装置で 6.0V の電圧を加えたとき電流計が示す値は何 A か，求めなさい。　[　　　　　　]

図 I

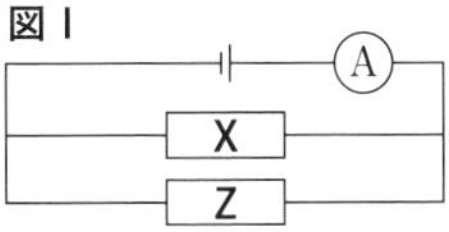

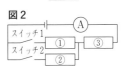

(3) **図 2** のように，抵抗器 X 〜 Z と 2 つのスイッチを用いて回路を作った。ただし，図の①〜③には抵抗器 X 〜 Z のいずれかがつながれている。**表 2** はスイッチ 1，2 のいずれかを 1 つ入れ，電源装置で 6.0V の電圧を加えたときの電流計が示す値をまとめたものである。**図 2** の①〜③につながれている抵抗器の組み合わせとして適切なものを，次の**ア〜カ**から 1 つ選んで，その記号を書きなさい。　[　　　　　　]

図 2

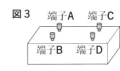

表 2

	電流計の値〔mA〕
スイッチ 1 だけを入れる	250
スイッチ 2 だけを入れる	500

ア ①抵抗器 X ②抵抗器 Y ③抵抗器 X　　**イ** ①抵抗器 X ②抵抗器 Z ③抵抗器 Y
ウ ①抵抗器 Y ②抵抗器 X ③抵抗器 Z　　**エ** ①抵抗器 Y ②抵抗器 Z ③抵抗器 X
オ ①抵抗器 Z ②抵抗器 X ③抵抗器 Y　　**カ** ①抵抗器 Z ②抵抗器 Y ③抵抗器 X

(4) 抵抗器 X 〜 Z と 4 つの端子 A 〜 D を何本かの導線でつなぎ，箱の中に入れ，**図 3** のような装置をつくった。この装置の端子 A，B と電源装置をつなぎ 6.0V の電圧を加え電流の大きさを測定したのち，端子 C，D につなぎかえ再び 6.0V の電圧を加え電流の大きさを測定すると，電流の大きさが 3 倍になることがわかった。このとき箱の中の抵抗 X 〜 Z はそれぞれ端子 A 〜 D とどのようにつながれているか，箱の中のつなぎ方を表した図として適切なものを，次の**ア〜エ**から 1 つ選んで，その記号を書きなさい。

図 3

端子 A　　端子 C
端子 B　　端子 D

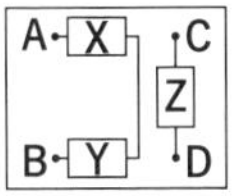

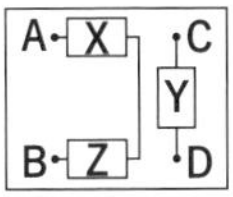

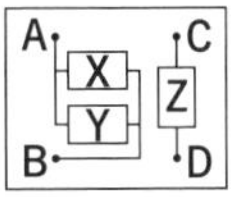

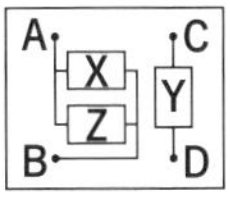

[　　　　　　]

4 (2) 並列回路の全体の電流は，各抵抗を流れる電流の和になる。
(3) 1 を入れると①と③の，2 を入れると②と③の直列回路になる。

47

試験における実戦的な攻略ポイント５つ

① **問題文をよく読もう！**

問題文をよく読み，意味の取り違えや読み間違いがないように注意しよう。

選択肢問題や計算問題，記述式問題など，解答の仕方もあわせて確認しよう。

② **解ける問題を確実に得点に結びつけよう！**

解ける問題は必ずある。試験が始まったらまず問題全体に目
を通し，自分の解けそうな問題から手をつけるようにしよう。
くれぐれも簡単な問題をやり残ししないように。

③ **答えは丁寧な字ではっきり書こう！**

答えは，誰が読んでもわかる字で，はっきりと丁寧に書こう。

せっかく解けた問題が誤りと判定されることのないように注意しよう。

④ **時間配分に注意しよう！**

手が止まってしまった場合，あらかじめどのくらい時間をかけるべきかを決めておこう。

解けない問題にこだわりすぎて時間が足りなくなってしまわないように。

⑤ **答案は必ず見直そう！**

できたと思った問題でも，誤字脱字，計算間違いなどをしているかもしれない。ケアレスミスで失点しないためにも，必ず見直しをしよう。

受験日の前日と当日の心がまえ

 前日

● 前日まで根を詰めて勉強することは避け，暗記したものを確認する程度にとどめておこう。

● 夕食の前には，試験に必要なものをカバンに入れ，準備を終わらせておこう。
　また，試験会場への行き方なども，前日のうちに確認しておこう。

● 夜は早めに寝るようにし，十分な睡眠をとるようにしよう。もし
　翌日の試験のことで緊張して眠れなくても，遅くまでスマートフ
　ォンなどを見ず，目を閉じて心身を休めることに努めよう。

当日

● 朝食はいつも通りにとり，食べ過ぎないように注意しよう。

● 再度持ち物を確認し，時間にゆとりをもって試験会場へ向かおう。

● 試験会場に着いたら早めに教室に行き，自分の席を確認しよう。また，トイレの場所も確認しておこう。

● 試験開始が近づき緊張してきたときなどは，目を閉じ，ゆっくり深呼吸しよう。

解答・解説

高校入試 10日でできる 物質とエネルギー

第1日　身のまわりの物質

▶p.5

Check

① 金属　② 密度　③ 有機物
④ 水に溶けにくい。　⑤ 上方置換法
⑥ 二酸化炭素　⑦ 酸素　⑧ 溶質
⑨ 飽和　⑩ 再結晶　⑪ 融点
⑫ 沸点　⑬ 蒸留

記述問題

液体が急に沸騰するのを防ぐため。

▶p.6〜7

入試実戦テスト

1 (1)34.6cm³
　(2)熱湯をかける前…C
　　熱湯をかけた後…A
　(3)イ

2 (1)出てきた液体が試験管1の底
　　のほうに流れると、試験管が
　　割れることがあるから。
　(2)アンモニア水を加熱する。
　(3)赤色から青色になる。
　(4)気体C

解説

1 (1)27.3÷0.79＝34.55…より、
34.6cm³となる。

絶対暗記

$$密度〔g/cm^3〕＝\frac{物質の質量〔g〕}{物質の体積〔cm^3〕}$$

(2) Aは気体の状態を表したもので、粒

子の間隔が広く自由に動き回っている。
Bは固体の状態を表したもので、粒子は
すき間なく規則正しく並んでいる。Cは
液体の状態を表したもので、粒子の間隔
が固体より広く、比較的自由に動いてい
る。エタノールは熱湯をかける前は液体、
かけた後は気体になっている。

(3)エタノールと水を混合した溶液の密
度は、ポリプロピレンの密度よりは大き
く、ポリエチレンの密度よりは小さい。

> **ミス注意！**　「物質の密度＞液体の
> 密度」のとき物質は沈むので、液体
> の密度はポリエチレン、ポリスチレ
> ンの密度より小さくなる。また、「物
> 質の密度＜液体の密度」のとき物質
> は浮くので、液体の密度はポリプロ
> ピレンの密度より大きくなる。

2　A…アンモニア、B…酸素、C…二酸
化炭素、D…二酸化炭素

(1)固体(粉末)を試験管に入れて加熱す
るときには、加熱によって液体が発生す
ることがあるので、つねに試験管の口を
底よりも低くして加熱する。試験管の底
が下がったままだと、液体が底のほうに
流れ試験管が割れることがある。

(2)硫酸アンモニウムと水酸化カルシウ
ムを混ぜて加熱してもよい。アンモニア
は空気より軽い気体である。

(3)アンモニアは、水に溶けてアルカリ
性を示す。アルカリ性の水溶液は、赤色
リトマス紙を**青色に変える**。

(4)石灰石にうすい塩酸を加えると二酸
化炭素が発生する。気体Cと気体Dは、
どちらも二酸化炭素である。

ひっぱると、はずして使えます。

1

▶p.9

Check

① 炭酸ナトリウム，二酸化炭素
② 酸素，水素　③ 酸素，酸化銅
④ 硫化鉄　⑤ 2Cu，2CuO
⑥ H_2，O_2　⑦ 酸素，酸化銅
⑧ 4(:)1

記述問題

空気中の酸素と鉄が結びついた。

▶p.10～11

入試実戦テスト

1 (1)反応が進むための熱が発生し
たため。
　(2)① イ　② イ　③ ア
2 (1)二酸化炭素
　(2)塩化コバルト紙
　(3)青，赤(桃)　(4)イ
3 (1)質量保存の法則
　(2)酸化　(3)酸化銅
　(4) a …O_2　b …2CuO
　(5)0.5g　(6)4(:)1　(7)3(:)8

解説

1 (1)鉄と硫黄が結びつく反応は，熱が

発生する発熱反応である。反応が始まる
と強い熱が生じるので，加熱をやめても
その熱によって反応が進む。
(2)試験管B，Dには，硫黄と鉄の混合
物が入っている。したがって，試験管B
に磁石を近づけると混合物中の鉄が引き
つけられ，試験管Dにうすい塩酸を加え
ると鉄が反応して，無臭の水素が発生す
る。一方，試験管A，Cには鉄と硫黄が
結びついた硫化鉄が入っている。そのた
め，試験管Aに磁石を近づけても引きつ
けられず，試験管Cにうすい塩酸を加え
ると，硫化水素というたまごが腐ったよ
うなにおいのする有毒な気体が発生する。

2 (1)図より，石灰水が白く濁ることから，
二酸化炭素である。
(2), (3)液体が水であることを確かめる
場合は，塩化コバルト紙を用いる。水に
接すると，**塩化コバルト紙は青色から赤
(桃)色**に変化する。
(4)炭酸ナトリウムは水に溶けてアルカ
リ性を示す。炭酸水素ナトリウムは，水
にほとんど溶けず，水溶液は非常に弱い
アルカリ性を示す。

3 (1)化学反応の前後で，**原子の種類と
その数は変わらない**ので，物質全体の質
量は変わらない。
(2)酸素と結びつく反応を酸化とよぶ。
(4)銅の酸化の化学反応式は，
2Cu+O_2──→2CuO となる。
酸素が分子の形のO_2になることや，酸
化銅CuOが2つできることに注意する。
(5)グラフから，銅：酸化銅＝1.6g：2.0g
銅が0.4gのとき，加熱後の質量を求め
るには，1.6g：2.0g＝0.4g：xを解く。

すると，$x=0.5g$。

(6) 銅：酸化銅＝4：5。結合する酸素は 5－4＝1なので，4：1。

(7)(6)と同様にグラフを利用して考えると，マグネシウム：酸素＝3：2。同じ量の酸素で考えるので，酸素の比を2でそろえると，銅：酸素＝8：2。よって，マグネシウム：銅＝3：8。

第3日 化学変化と原子・分子 ②

▶ p.13

Check

① 黒，酸化銅　② 酸化

③ 酸化物　④ 燃焼

⑤ 酸素，二酸化炭素

⑥ 二酸化炭素，銅　⑦ 還元

⑧ 発熱反応　⑨ 吸熱反応

記述問題

銅に比べて，酸素と結びつきやすい性質。

▶ p.14～15

入試実戦テスト

1 (1)酸化

(2)色…黒色　化学式…CuO

(3)銅…4.00g　酸素…1.00g

(4)ガラス管を石灰水の中に入れたまま火を消すと，石灰水が逆流し，試験管が割れるおそれがあるから。

(5)還元

(6)二酸化炭素になることで，酸化銅から酸素を奪うはたらき。

(7)実験1…エ　実験2…ウ

2 A…鉄と酸素が反応して発熱する

B…反応に必要な酸素が足りなくなる

解説

1 (1)物質(銅)が酸素と結びつく化学変化を酸化といい，できた物質(酸化銅)を酸化物という。

(2)銅は赤銅色(赤色)をしているが，加熱してできた酸化銅は黒色をしている。また，銅の原子の記号はCu，酸素はOで，1：1の割合で結合する。

(3)銅の質量：酸化銅の質量＝2.00：2.50なので，2.00：2.50＝x：5.00とおいて銅の質量xを求める。結びついた酸素の質量は，質量保存の法則より，酸化銅の質量－銅の質量で求める。したがって，5.00g－4.00g＝1.00gとなる。

(4)液体にガラス管を入れたまま火を消すと，加熱していた試験管の温度が下がり，試験管内の空気の気圧が下がる。その結果，ガラス管を通じて，液体が逆流する。

(5)酸化銅のような酸化物から酸素を奪う化学変化を還元という。

(6)酸化銅をもとの銅にもどす化学変化である。炭素は酸化銅から酸素を奪いとるはたらきをする。このとき，炭素自身は酸化されて二酸化炭素になる。

(7)酸化銅は◎○，炭素は●，酸素は○○，二酸化炭素は○●○である。反応前後で，各種類の原子の数が同じになるように物質の数を調節されたものを選ぶ。

ミス注意！ (7)の選択肢のうち，アは左辺と右辺で酸素原子の数が異なっているので，化学反応式として成り立っていない。イは左辺で酸素

が分子として表されていないので，
正しくない。

物質が酸素と結びつく**酸化**と，酸化物
から酸素をとり除く**還元**は，正反対の
化学変化である。また，還元が起こる
ときには，同時に酸化も起こる。

2 化学かいろは，鉄粉と酸素が結びつく
化学変化によって熱を発生させる。鉄の
酸化は発熱反応である。化学かいろをポ
リエチレンの袋に入れておくと，鉄粉が
酸素と触れ合えなくなるので，酸化が進
まず，熱が発生しなくなる。化学かいろ
の中には，鉄粉の他に，鉄粉が酸化する
速度を速める水や食塩，空気中の酸素
を吸着して酸素の濃度を高める活性炭，
水を含ませておくための保水剤（バーミ
キュライトが利用される）などが混ぜら
れている。

第**4**日 **化学変化とイオン ①**

▶p.17

Check
① 電解質 ② 非電解質 ③ 塩素
④ 銅 ⑤ 水素 ⑥ 陽子，原子核
⑦ 電子 ⑧ 電離 ⑨ 陽イオン
⑩ 陰イオン ⑪ 陰イオン

記述問題
砂糖は非電解質であり，水に溶かし
ても電離しないため。

▶p.18〜19

入試実戦テスト
1 (1)蒸留水（または精製水）を用い
てよく洗った

(2) a …電離　b …非電解質
　　c …ア
(3)イ
2 (1)エ　(2)(例)水に溶けやすい
(3)Cl^-　(4)イ，オ

解説

1 (1)ビーカーBの水溶液を調べる前に，
電極の先についているビーカーAの水溶
液を洗い落としておかないと，正確な実
験結果が得られない場合があるので，余
分な物質が溶けていない蒸留水や精製水
を用いて，電極の先を洗っておく必要が
ある。
(2)水酸化バリウムのような**電解質**が水
に溶けて，陽イオンと陰イオンに分離す
ることを**電離**という。砂糖やエタノール
のような**非電解質**は，水に溶けても電離
せず，細かい粒子となって液中に散らば
る。そのため，非電解質の水溶液に電圧
を加えてもイオンの移動が生じず，電流
は流れない。塩化水素，水酸化ナトリウ
ムはどちらも電解質で，それぞれ，次の
ように電離する。
$$HCl \longrightarrow H^+ + Cl^-$$
$$NaOH \longrightarrow Na^+ + OH^-$$

電解質の水溶液に電極を入れて電圧を
加えると，水溶液中のイオンが電極に
移動して**電流が流れる**。

(3)原子が電子を受けとってできる陰イ
オンは，元素の記号の右上に−をつけて
表し，原子が電子を失ってできる陽イオ
ンは，元素の記号の右上に＋をつけて表
す。電子を受けとったり失ったりする数
に応じて，−，＋の記号の前に数字を加
える。受けとったり失ったりした電子の
数が1個の場合は，数字はつけない。

2 (1)塩酸は，塩化水素という気体が溶けている水溶液で，塩化水素は水溶液中では水素イオンと塩化物イオンに電離している。これを電気分解すると，陽極側から塩素，陰極側から水素が発生する。

(2)陽極側から発生する塩素には，水によく溶けるという性質がある。塩酸を電気分解すると，同じ体積の塩素と水素が発生するが，塩素は水に溶けるので，実際に集まった体積は塩素のほうが少なくなる。

(3)塩化物イオンは陽極で電子を1個失って塩素原子になる。塩素原子は2個結びついて塩素分子となり，陽極から気体の塩素が発生する。

(4)**ア**のエタノールと**ウ**の砂糖は非電解質である。**エ**の食塩は電解質であるが，水溶液になっていないので，電流は流れない。電流が流れるのは，電解質の水溶液である**イ**の塩化銅水溶液と，金属である**オ**の鉄である。

> ┌─ **ミス注意！** ─ 食塩(塩化ナトリウム)は電解質であるため，水溶液にすると電流が流れるが，ここでは水に溶かしていないので，電流は流れないことに注意しよう。

┌─ **絶対暗記** ─
塩化銅水溶液の電気分解
　塩化銅　→　銅　＋　塩素
　$CuCl_2$　→　Cu　＋　Cl_2
塩酸の電気分解
　塩化水素　→　水素　＋　塩素
　$2HCl$　→　H_2　＋　Cl_2

┌─ 第 **5** 日 ─┐ **化学変化とイオン ②**

▶p.21

Check

①亜鉛　②マグネシウム　③化学
④ダニエル電池　⑤銅板　⑥逆
⑦燃料電池　⑧酸　⑨アルカリ
⑩水，中和

記述問題

亜鉛片はうすくなり，表面に赤い物質(銅)が付着する。

▶p.22〜23

入試実戦テスト

1 (1) X …Al^{3+}　Y…電子
　　　 Z …−(マイナス)
(2)◎

2 (1)酸性
(2) a …H^+　b …OH^-　c …中和
(3)① B　② A

解 説

1 (1)アルミニウム原子は，電子を3個失って，陽イオンのアルミニウムイオン Al^{3+} になる。

> ┌─ **ミス注意！** ─ イオンの化学式を書くときは，元素記号の右肩に，電子を失ったときは失った数と＋を，電子を受けとったときは受けとった数と−を書く。受けわたされる電子の数が1のときは，その数字は省略する。

また，化学電池では，**電子を失ってイオンになるほうが−極，電子を受けとって原子が付着するほうが＋極**となる。電流が流れる向きは，電子が移動する向きの逆向きである。

(2)表と**図3**から，イオンになりやすい金属ほど，モーターがよく回ることがわかる。

2 (1)BTB溶液は，酸性で黄色，中性で緑色，アルカリ性で青色を示す。

(2)水溶液中で電離して水素イオンH^+を生じる物質を酸，水酸化物イオンOH^-を生じる物質をアルカリという。このH^+とOH^-が結びついて水ができることにより，たがいの性質を打ち消し合う反応を中和という。また，水溶液中に残った酸の陰イオンとアルカリの陽イオンが結びついて物質ができる。この物質を**塩**という。

(3)① 水酸化物イオンは水溶液が中性になるまでは中和に使われるので，数は**0**であるが，中和後は水溶液中に残るため加えた分だけ増えていく。

② 塩化物イオンは塩酸が電離してできたもので，加えた水酸化ナトリウム水溶液の量にかかわらず一定である。

ミス注意！ **C**のグラフは，水素イオンを表すもので，水酸化物イオンによって中和に使われ減っていき，中性になると0になる。**D**のグラフは，ナトリウムイオンを表すもので，水酸化ナトリウム水溶液を加えた分だけ増えていく。

第6日 光・音・力のつりあい

▶p.25

Check

① 反射　② 屈折　③ 全反射
④ 焦点　⑤ 実像　⑥ 虚像
⑦ 大小（大きさ）　⑧ 高低（高さ）
⑨ 重力　⑩ 同一直線上，等しい

記述問題

光が，光ファイバーの側面の壁の内側で全反射して進むから。

▶p.26〜27

入試実戦テスト

1 (1)エ
　(2)弦を短くした。弦を強くはじいた。

2 (1)(右図)
　(2)50g

3 (1)X…反射　Y…屈折
　　Z…大きく
　(2)全反射している。　(3)エ

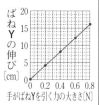

手がばねYを引く力の大きさ[N]

解説

1 (1) 1秒間の波の数が**振動数**であり，振動数が多いほど音が高くなる。

(2)モノコードの音の高さは，**弦の長さ**，**弦の張り方**，**弦の太さ**によって決まる。

	高い	低い
弦の長さ	短い	長い
張り方	強い	弱い
弦の太さ	細い	太い

2 (1)手がばねを引く力の大きさは，（物体にはたらく重力の大きさ）－（電子てんびんが物体から受ける力の大きさ）で求めることができる。これを求めると下の表のようになり，この値を使ってグラフをかく。

手がばねを引く力〔N〕	0	0.20	0.40	0.60	0.80
ばねの伸び〔cm〕	0	4.0	8.0	12.0	16.0

(2) グラフより，ばね Y の伸びが6.0cmのとき，手がばねを引く力の大きさが0.30Nなので，電子てんびんが物体から受ける力の大きさは，
0.80－0.30＝0.50〔N〕 これより50gとわかる。

3 (1)光が水中から空気中へ進むとき，反射角と入射角は等しいが，屈折角は入射角より大きくなる。
(2)光が水中やガラス中から空気中に進むとき，すべて反射し，屈折して空気中へ出ていく光がなくなることを**全反射**という。この現象は，入射角がある角度より大きくなったときに起こる。

(3)物体を凸レンズの焦点距離の2倍の位置に置いたとき，反対側の焦点距離の2倍の位置に，物体と同じ大きさの上下左右が逆向きの実像ができる。**図4**と上下左右が逆向きになっているのは**エ**である。

第**7**日 　電流とそのはたらき

▶p.29

Check

① 回路　② 5 Aの端子　③ 電圧
④ V(ボルト)　⑤ $I_1 = I_2 = I_3$
⑥ $V_1 = V_2 = V_3$　⑦ 1 Ω　⑧0.6A
⑨ 100V－200W　⑩ 1
⑪ 720000J

記述問題

想定よりも大きな電圧がはたらいて，針が振り切れるのを防ぐため。

▶p.30～31

入試実戦テスト

1 (1)電流…0.2A　電圧…3.0V
　(2)0.8A　(3)**ア**　(4)**エ**
2 (1)4.0Ω　(2)①**ア**　②**エ**
　(3)**ウ**

解説

1 (1)**図2**の左側の電流計では，－端子は500mAを使っているので，200mAである。1 A＝1000mAなので，0.2Aと

なる。**図2**の右側の電圧計では，－端子は15Vの端子を使っているので，3.0Vとなる。

(2)電熱線1の抵抗は，

3.0÷0.2=15〔Ω〕，電熱線2の抵抗も同様に15〔Ω〕である。端子aと端子c，端子bと端子dを導線で接続すると，電熱線1と電熱線2の並列回路になる。並列回路では電熱線1，2ともに6.0Vの電圧が加わるので，それぞれの電熱線に流れる電流は0.4Aである。よって，電流計に流れる電流は，

0.4＋0.4＝0.8〔A〕　となる。

(3)並列回路では，回路全体の抵抗が各部の抵抗より小さくなるので，流れる電流は大きくなる。

ミス注意！　bとcの端子をつなぐと直列回路になり，aとc，bとdの端子をつなぐと並列回路になることに注目しよう。

(4)1200Wのドライヤーを家庭用の100V電源に接続して5分間使用したと

きの電力量は，

1200×5×60＝360000〔J〕

同じ電気料金になるということは，同じ電力量になるということである。よって，扇風機の使用時間をx分とすると，

50×x×60＝360000　x＝120〔分〕

2　(1)電熱線aに8.0Vの電圧をかけると，2.0Aの電流が流れたことから，電熱線aの抵抗は，

8.0〔V〕÷2.0〔A〕＝4.0〔Ω〕

(2)① 発熱量は電力に比例する。同じ時間で比べたとき，電熱線aのほうが水の上昇温度が高い（発熱量が大きい）ことから，電力も大きいと考えられる。

② 電熱線aとbに同じ大きさの電圧を加えたとき，電熱線aの電力が大きいことから，電熱線aに流れる電流が大きく，抵抗が小さいことがわかる。

(3)電熱線aが消費する電力は，8.0Vの電圧を加えたときは，

8.0〔V〕×2.0〔A〕＝16〔W〕

である。4.0Vの電圧を加えたとき流れる電流は，

4.0〔V〕÷4.0〔Ω〕＝1.0〔A〕

よって消費する電力は，4.0〔V〕×1.0〔A〕＝4.0〔W〕となる。**図2**から，電熱線aに8.0Vの電圧を加えたときの水の上昇温度は，1分間あたり2.0℃なので，4.0Vの電圧を加えたときの水の上昇温度は，1分間あたり，

$$2.0〔℃〕×\dfrac{4.0〔W〕}{16.0〔W〕}=0.5〔℃〕$$

である。電圧を4.0Vに変えたのが電流を流し始めてからx分後とすると，$2.0x＋0.5×(8－x)＝8.5$より，$x＝3$〔分〕

これより180秒後ということがわかる。

ミス注意！ 電圧を$\frac{1}{2}$にすると，電流の値も$\frac{1}{2}$になるので，電力は$\frac{1}{4}$になることに注意しよう。発熱量は電力に比例することから，電力が$\frac{1}{4}$になると，発熱量も$\frac{1}{4}$になる。

絶対暗記

電流による発熱量〔J〕
  ＝電力〔W〕×時間〔s〕

第8日 電流と磁界・電流と電子

▶p.33

Check

① 磁力線　② コイル　③ 直角
④ 逆になる。　⑤ 電磁誘導
⑥ 誘導電流　⑦ 静電気
⑧ 逆になっている。

記述問題

コイルに出し入れする磁石の動きを速くする。

▶p.34〜35

入試実戦テスト

1 (1) **ア**　(2) **エ**
  (3) 電源の＋極と－極を入れかえる(磁石のN極とS極を入れかえる)。
  (4) 電流の大きさを大きくする(磁力の強い磁石に変える)。
2 (1) 電子　(2) A…－　C…－
3 (1) 誘導電流　(2) **イ，ウ**
  (3) i) **ウ**　ii) **エ**

解 説

1 (1) 電流は，電源の＋極から出て，－極にもどる。
(2) コイルに流れる電流がつくる磁界と，磁石による磁界が同じ向きで強められると，その反対側に動く力がはたらく。
(3) 電流の向きと磁界の向き，どちらか1つを逆にすると力も逆になる。
(4) 大きい電流を流してコイルに流れる電流がつくる磁界を強めるか，磁石を磁力の強いものに変える。また，**コイルの巻き数を増やす**ことでもコイルが受ける力の大きさは強くなる。

絶対暗記

磁界から電流が受ける力を大きくする。
→電流を大きくする。
  磁石の磁力を強くする。
磁界から電流が受ける力の向きを変える。
→電流の向きを反対にする。
  磁石の向きを反対にする。

2 (1) 電流が流れている放電管では，－極側の電極から電子が出て，＋極側の電極に向かう。この電子の流れが蛍光板を光らせるもので，陰極線(電子線)という。
(2) 蛍光板上に光る線が，電極**A**から電極**B**に向かっていることから，電極**A**は－極である。また，光る線は－の電気をもつ電子の流れがもとになっていて，＋極側に引かれることから，電極**D**が＋極，電極**C**は－極とわかる。

絶対暗記

電子の性質
○ 質量をもつ小さな粒子
○ －の電気をもっている。
電気の性質
○ ＋と＋，－と－→しりぞけ合う。
○ ＋と－→引き合う。

3 (1)コイルの中の磁界を変化させたとき，コイルに電流を流そうとする電圧が生じる現象を電磁誘導といい，このとき流れる電流を誘導電流という。

(2)誘導電流が流れる向きは，コイルに磁石を入れるか出すか，またはコイルに出入りする極がN極かS極かによって変わる。N極を近づけたときと同じように振れるためには，S極を遠ざけるように動かすとよい。

(3)棒磁石の動きが速くなると，短い時間に大きな電流が流れる。また，コイルの巻き数を増やすと，同じ時間に大きな電流が流れる。

絶対暗記

誘導電流の大きさ

○磁石を速く動かすほど大きい。
○磁石の磁力が強いほど大きい。
○コイルの巻き数が多いほど大きい。

第9日　運動のようす

▶p.37

Check

①速さ　②0.1　③しない　④する
⑤慣性　⑥平行四辺形
⑦分解，分力
⑧作用・反作用の法則　⑨大きく
⑩浮力　⑪大きい

記述問題

自転車には，斜面に沿った下向きの力がはたらいているから。

▶p.38〜39

入試実戦テスト

1 (1)3 N　(2)変わらない。

2 (1)オ　(2)0.64N

3 (1)(右図)

(2)147cm/s　(3)エ

解説

1 (1)糸A，BをO点で引く力の合力は，糸CがO点を引く力とつりあっている。よって，合力の大きさは，糸CがO点を引く力の大きさに等しい。糸Cには300gのおもりがつり下げられているので，糸CがO点を引く力の大きさは3Nである。

(2)糸Aにつり下げるおもりの数を変えても，糸A，BがO点を引く合力は，糸CがO点を引く力とつりあっている。

2 (1)水の重さによって生じる圧力を水圧といい，あらゆる向きからはたらく。また，水圧の大きさは深いところほど大きい。

(2)表より，1.2Nの物体をばねにつるすと，ばねは6.0cm伸びる。深さxが4.0cmのときのばねの伸びは2.8cmなので，このときばねに加わる力をyNとすると，$1.2 : 6.0 = y : 2.8$より，$y = 0.56$〔N〕よって浮力の大きさは，$1.2 - 0.56 = 0.64$〔N〕となる。

水圧…あらゆる向きからはたらき，深いところほど大きい。
浮力…水中の物体にはたらく上向きの力。
浮力〔N〕＝空気中での重さ〔N〕－水中での重さ〔N〕

3 (1) **W** の矢印が対角線となり，一辺は斜面に沿った向き，もう一辺は斜面に垂直となる長方形をかく。斜面に沿ったほうの辺が力 **A**，斜面に垂直な辺が力 **B** となる。

(2) **X** の長さは14.7cm，テープ1本分（5打点）にかかる時間は0.1秒なので，

速さは，$\dfrac{14.7〔cm〕}{0.1〔s〕}=147〔cm/s〕$

(3) 斜面を下る運動では，速さは時間に比例するので，右上がりの直線になる。また，5秒後からはブレーキをかけて速さが一定になっているので，速さは増えなくなり，横軸に平行な直線となる。

運動に関係するグラフ
○ 等速直線運動をするときの時間と速さの関係→**A**
○ 等速直線運動をするときの時間と移動距離の関係→**B**
○ 斜面を下る運動をするときの，時間と速さの関係→**B**

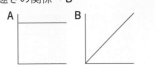

▶p.41

Check

① 位置エネルギー
② 運動エネルギー
③ 力学的エネルギー
④ 仕事　⑤ エネルギー
⑥ ジュール
⑦ 仕事率，W　⑧ 半分 $\left(\dfrac{1}{2}\right)$，2
⑨ 同じ，仕事の原理

記述問題

高いほうから落とした鋼球のほうが，もっていた位置エネルギーが大きかったため。

▶p.42～43

入試実戦テスト

1 (1) **イ→ウ→ア→エ**
(2)（下図）

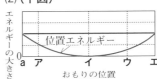

2 (1) 3 cm　(2) 4 N
(3) 0.36J

3 (1) 仕事の大きさは変わらない
(2) **ア**　(3) 75 J

解 説

1 (1) 図の**ア～エ**の点では，おもりの速さが最も速くなるのは最下点の**イ**である。最高点の**エ**（と **a**）では，おもりの速さは0になる。**ア**と**ウ**の点では，**ウ**のほうがおもりの位置が低いので，速さは速くなる。

(2)運動エネルギーの大きさの変化を表す線は，位置エネルギーの大きさの変化を表す線とは**上下が逆**になる。力学的エネルギーは，位置エネルギーと運動エネルギーの合計になるので，最高点を通る水平な直線になる。このことは，**力学的エネルギーがつねに一定**であることを表している。

絶対暗記

力学的エネルギーの保存
　物体のもつ**位置エネルギーと運動エネルギー**はたがいに移り変わることができるが，その２つのエネルギーの和である**力学的エネルギーはつねに一定**に保たれる。

2　(1)てこの棒において，AC：BC＝1：3になっているので，作用点が上がった距離：力点が押し下げられた距離＝1：3となる。おもりが床からもち上げられた距離を$x$cmとすると，x：9＝1：3なので，x＝3cmと求められる。

(2)AC：BC＝1：3であるので，てこに加えた力：おもりの重さ＝1：3になる。よって，B点に加えられた力の大きさは，おもりの重さ12Nの$\frac{1}{3}$である４Nとなる。

(3)増加したおもりの位置エネルギーは，おもりがされた仕事の大きさに等しい。重さ12Nのおもりが0.03m上がっていることから，12N×0.03m＝0.36Jと求められる。

ミス注意！　仕事Jを求める場合は，物体の移動距離の単位はmに直してから計算することに注意。

絶対暗記

仕事の量
仕事〔J〕＝力の大きさ〔N〕
　　　　×力の向きに移動した距離〔m〕

3　(1)動滑車を１個使うと，物体を２本のひもで引き上げるため，力は直接引き上げるときの$\frac{1}{2}$になるが，力の向きにひもを引く距離は２倍になる。そのため，力の大きさと，力の向きに物体を動かした距離の積で表される仕事の量は変わらない。

(2)①，②，③は，同じおもりを同じ高さまで引き上げているので，仕事は同じである。①，②，③は同じ速さで引き上げているので，①と②は同じ時間がかかっているが，③は引く距離が２倍なので，時間も２倍になる。仕事率は１秒あたりに行った仕事なので，P_1とP_2は同じになるが，P_3は時間が多くかかっているため，P_1，P_2より小さくなる。

ミス注意！　動滑車を使っている③は，ひもを引く長さが長いため，①や②と同じ速さで引くと，時間がかかることに注意しよう。

絶対暗記

仕事率

仕事率〔W〕＝$\dfrac{仕事〔J〕}{仕事にかかった時間〔s〕}$

(3)質量15kg（15000g）のおもりにはたらく重力は，15000÷100＝150〔N〕である。動滑車を１個使っているので，ひもを引く力は半分になる。よって150÷2＝75〔N〕であり，ひもを1.0m引いているので，仕事の大きさは，
75×1.0＝75〔J〕となる。

▶p.44〜47

1 (1)二酸化炭素

(2)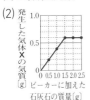

(3)20cm³

2 (1)等速直線運動，（下図）

(2)55g

(3)**(右図)**

エネルギー（縦軸）／位置（横軸 P Q R S）

3 (1) a …石灰水

b …塩化コバルト紙

(2)反応によって生じた液体が，加熱部分に流れないようにするため。

(3)記号…**ウ**

B …フェノールフタレイン

(4)16g

4 (1) 4 Ω　(2)1.8A　(3)**カ**　(4)**イ**

解　説

1 (1)石灰石は炭酸カルシウムが主成分で，塩酸を加えると塩化カルシウムと水ができ，気体の二酸化炭素が発生する。なお，化学反応式は次のようになる。

$$CaCO_3 + 2HCl \rightarrow CaCl_2 + CO_2 + H_2O$$

(2) 発生した気体 X（二酸化炭素）の質量＝（反応前のビーカー全体の質量＋加えた石灰石の質量）−（反応後のビーカー全体の質量）となるので，これを求めてグラフにする。

(3)実験より，塩酸12cm³と石灰石1.5 gが過不足なく反応し，0.6gの二酸化炭素が発生することがわかる。これより，二酸化炭素が1.0g発生するために必要な塩酸は$12 \times \dfrac{1.0}{0.6} = 20$〔cm³〕，石灰石は$1.5 \times \dfrac{1.0}{0.6} = 2.5$〔g〕である。石灰石は5.0g加えていて十分存在するので，加える塩酸は20cm³となる。

> **ミス注意！** この反応では，塩酸はすべて反応し，石灰石が2.5g残ることになる。石灰石をすべて反応させるまで塩酸を加えると，発生した気体は1.0 g以上になることに注意しよう。

2 (1) A 点から C 点までは，重力と垂直抗力がつりあい，運動の方向には力がはたらかないため，速さが一定の運動をする。このような運動を，等速直線運動という。このとき球にはたらく重力は，球の中心から下向きにはたらく。一方，垂直抗力は面に接している物体が，面から垂直方向に受ける力なので，球と面が接しているところから上向きにはたらく。力の大きさを表す矢印の長さは，力の大きさに比例させてかく。

(2)図2より，木片が動いた距離は，物体の質量と基準面からの高さに比例することがわかる。同じ高さから球を転がすとき，木片が動いた距離の違いは，球の質量の違いによるものである。20gの球では木片は4cm動く。同じ高さから，球 M

を転がすと11cm動いたことから，球**M**の質量をxとすると，$20:x=4:11$
これより$x=55$〔g〕となる。
(3) P点から転がしているので，P点では球の速さは0となり，運動エネルギーは0である。このとき位置エネルギーは最大で，グラフ6目盛り分である。力学的エネルギーは保存されるので，運動エネルギーと位置エネルギーの和がつねにグラフ6目盛り分になるように，運動エネルギーは変化する。

絶対暗記

力学的エネルギーの保存
　物体のもつ**位置エネルギー**と**運動エネルギー**はたがいに移り変わることができるが，その2つのエネルギーの和である**力学的エネルギーは，つねに一定**に保たれる。

3 (1)二酸化炭素が石灰水に接すると，炭酸カルシウムという水に溶けない固体が生じるため，**石灰水が白く濁る**。この反応は石灰水と二酸化炭素に特有なものなので，二酸化炭素を特定するときに利用される。
　塩化コバルト紙は青色の試験紙で，水に触れると**うすい赤色**に変化する。
(2)試験管の加熱実験で，試験管内で水などの液体が生じる場合，液体が試験管の加熱部分に流れこむと，試験管のガラスが急に冷やされることによって割れてしまう危険性がある。そのような事態を防ぐため，試験管の口を少し下げておき，発生した液体が試験管の加熱部分に流れこまないようにしている。
(3)炭酸ナトリウムは，**水によく溶ける物質**で，水溶液は**強いアルカリ性**を示す。一方，炭酸水素ナトリウムは，**水には溶けにくく**，水溶液は**弱いアルカリ性**を示す。

　フェノールフタレイン液はアルカリ性の水溶液に反応する指示薬で，アルカリ性の水溶液に加えると，透明な液が**赤色**に変色する。アルカリ性が強いほど赤色がこくなる。
(4)この実験で用いられた試験管の重さは，$33.1g-8.4g=24.7g$である。よって，炭酸水素ナトリウム8.4gからつくられた炭酸ナトリウムの質量は，$30.0g-24.7g=5.3g$となる。炭酸ナトリウム10gをつくるために必要な炭酸水素ナトリウムの質量をxgとすると，$x:10=8.4:5.3$の比例式が成り立つ。この式を解くと$x=15.8…$より，小数第1位を四捨五入して，16gとなる。

ミス注意！　試験管全体の質量から試験管の質量を除いて，物質そのものの質量で考えることに注意する。

4 (1)オームの法則より，抵抗器**X**の抵抗は，$3.0÷0.75=4$〔Ω〕

ミス注意！　オームの法則を使って計算するとき，電流の単位はアンペア〔A〕であることに注意する。表の値はミリアンペア〔mA〕なので，アンペアに直すことを忘れないようにする。

(2)並列回路では，回路全体を流れる電流は各抵抗を流れる電流の和に等しい。また，並列回路では各抵抗に，電源の電圧と同じ6.0Vの電圧が加わっている。**表1の2倍の電圧が加わっている**ので，各抵抗に流れる電流も2倍になる。これより抵抗器**X**には$0.75×2=1.5$〔A〕，抵抗器**Z**には$0.15×2=0.3$〔A〕の電流が流れる。よって，回路全体を流れる電流は$1.5+0.3=1.8$〔A〕となる。
(3)抵抗器**X**の抵抗は(1)より4Ω。同様

に抵抗器Y，抵抗器Zの抵抗を求めると，抵抗器Yは8Ω，抵抗器Zは20Ωとなる。スイッチ1を入れると，①と③の直列回路になる。ここに6.0Vの電圧を加えると，0.25Aの電流が流れることから，回路全体の抵抗は24Ωである。直列回路全体の抵抗は各抵抗の和なので，①と③は抵抗器Xと抵抗器Zのどちらかとわかる。スイッチ2を入れると②と③の直列回路になる。ここに6.0Vの電圧を加えると0.5Aの電流が流れることから，回路全体の抵抗は12Ωである。これより②と③は抵抗器Xと抵抗器Yのどちらかとわかる。以上より，スイッチ1を入れたときとスイッチ2を入れたときに共通する抵抗器③がXとなり，①はZ，②はYとなる。

(4)端子CとDにつないだときの電流は，抵抗器1つの電流であり，6.0Vの電圧を加えると，抵抗器Yは0.75A，抵抗器Zは0.3Aの電流が流れる。

　次に端子AとBにつないだ時を考える。アでは抵抗器Xと抵抗器Yの直列回路で，電流は0.5A，イでは抵抗器Xと抵抗器Zの直列回路で，電流は0.25Aである。ウでは抵抗器Xと抵抗器Yの並列回路で，電流は2.25A，エでは抵抗器Xと抵抗器Zの並列回路で1.8Aとなる。以上より，端子CとDにつないだとき，端子AとBにつないだときの3倍の電流になるのは，イのつなぎ方のときとなる。

> **ミス注意！**　端子をつないだとき，直列回路になるか，並列回路になるかを正確に読みとり，回路に流れる電流を考えることが大切である。